城市公园绿地微气候研究

——以北京奥林匹克森林公园为例

潘剑彬　著

中国建筑工业出版社

图书在版编目（CIP）数据

城市公园绿地微气候研究：以北京奥林匹克森林公园为例 / 潘剑彬著 . — 北京：中国建筑工业出版社，2024. 5. — ISBN 978-7-112-30115-7

Ⅰ . TU985.12

中国国家版本馆 CIP 数据核字第 2024DP6810 号

责任编辑：兰丽婷
责任校对：赵　力

城市公园绿地微气候研究
——以北京奥林匹克森林公园为例

潘剑彬　著

*

中国建筑工业出版社出版、发行（北京海淀三里河路9号）
各地新华书店、建筑书店经销
北京海视强森文化传媒有限公司制版
北京中科印刷有限公司印刷

*

开本：787毫米×1092毫米　1/16　印张：$10\frac{1}{4}$　字数：200千字
2024年6月第一版　2024年6月第一次印刷
定价：**55.00** 元
ISBN 978-7-112-30115-7
（42913）

前 言

伴随着全球的城市化进程，城市绿地的作用和功能一直受到相关学科研究者、城市建设和规划者的重视。目前，国内外已经有大量的相关研究证明城市绿地在降温增湿、固碳释氧、影响产生空气负离子、消减空气微生物及可吸入细颗粒物、复合污染等方面起到不可替代的作用。

北京是我国首都、国家中心城市及超大城市，北京奥林匹克森林公园（下文简称“奥运森林公园”）是依据自然生态系统原则建立的大型城市公园绿地。该绿地是 2008 年北京夏季奥运会期间服务于赛事的重要基础设施，同时亦是此项赛事馈赠给北京市居民的珍贵“绿色遗产”。截至 2022 年，该森林公园已建成开放 14 年，为城市居民提供游赏空间、健身场所的同时在提升城市区域物理环境质量方面发挥着重要作用。

本书内容系以奥运森林公园绿地为例，自 2005 年至 2022 年持续开展的微环境效益相关的持续性、系统性研究成果。研究通过阐释城市绿地区域微环境效应因子的时间、空间分异特征及规律，以及这种时空分异特征与公园绿地山水格局、植物群落分布格局特征的相关关系，从而为既有城市绿地的高效管理、运营，以及增量城市绿地的规划设计及建造提供定量化科学依据。另外，本研究可为后续城市绿地生态系统服务功能研究积累数据资料，服务于未来在更大的时空尺度内进行城市绿地生态系统服务功能研究。

本书以定量化试验过程及结果反馈检验奥运森林公园绿地生态设计理念、技术路径的有效性和高效性，以科学成果为国内其他城市开展的与奥运森林公园具有相同特征和功能定位的城市绿地建设提供理论和实践依据。

本书由国家自然科学基金（51641801）、北京建筑大学风景园林学科建设项目及北京建筑大学研究生教育教学质量提升项目（2022 年优质课程建设项目）、北京市高等教育学会课题（2022 年）、教育部产学合作协同育人项目（2023 年）（231107549164745、231107658165403）共同资助出版。

目 录

第 6 章　公园绿地 $PM_{2.5}$ 暴露风险时空格局特征研究

第 7 章　公园绿地人体感热舒适度空间格局特征研究

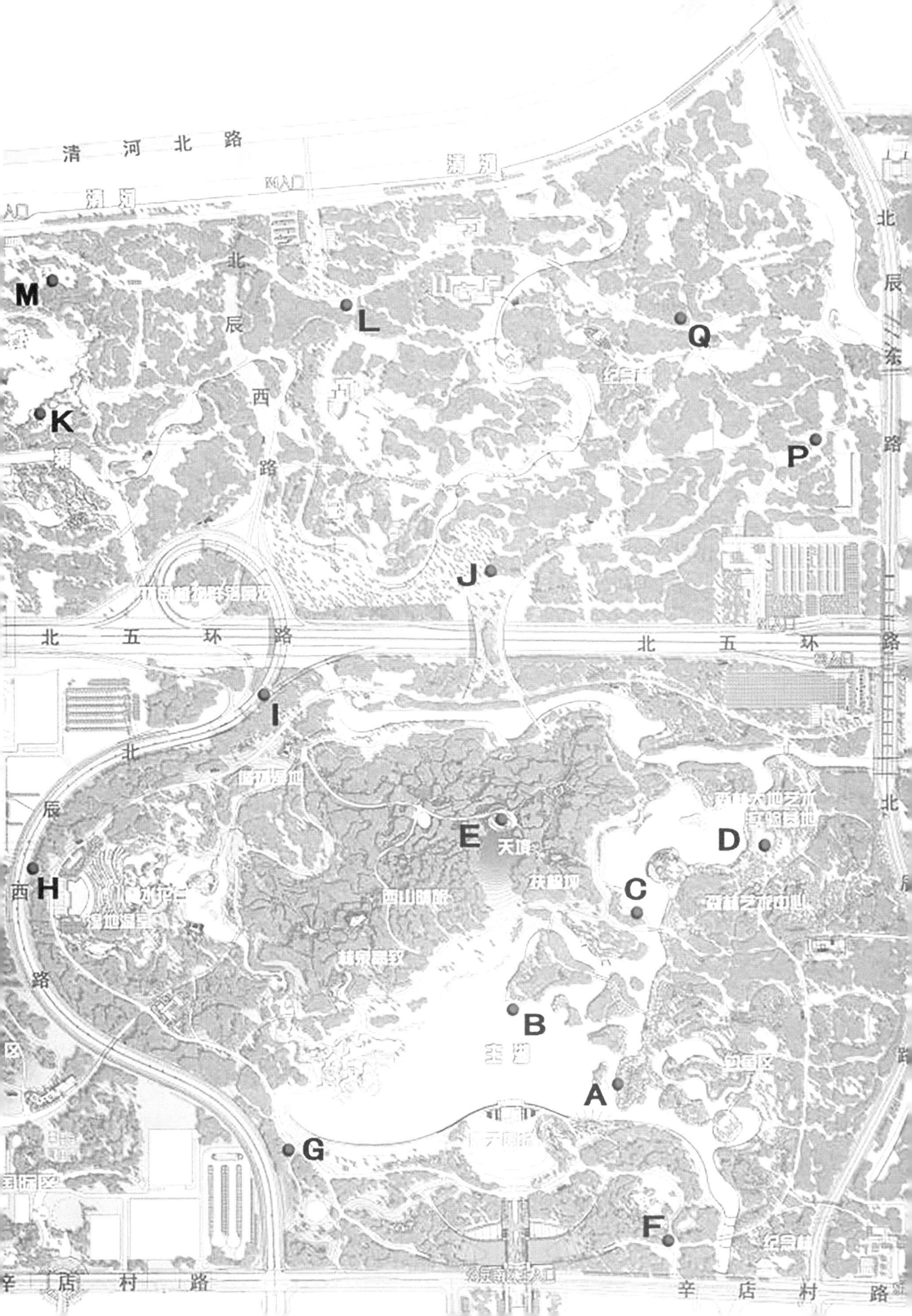

清河北路
北辰西路
北五环路
北辰东路
北辰西路
辛店村路
天境
主湖
M
L
Q
K
P
J
I
E
D
C
H
B
A
G
F

第1章 绪论

城市建城区范围尚存的自然保留地及人工建成的绿地在改善城市局部区域物理环境，进而提升城市人居环境质量方面具有不可替代的作用。近年来，随着城市化进程的快速推进以及城市居民对居住空间所处外环境（社区环境、城市环境）品质的诉求进一步提升，城市居民不仅关心城市环境的绿化和美化，还更加关心城市绿地作为绿色游憩空间带给人的精神的愉悦和身体的健康。在此基础上，由于城市空气污染等问题的存在，城市绿地的微环境改善功能因此而受到越来越多的重视。

城市绿地功能相关研究始于20世纪初，当时的学者和城市决策者主要关注城市绿地的美学效应以及城市中绿地与居住用地的位置关系和比例。直到20世纪中期以后，人们才开始关注到城市绿地建构与城市微气候、城市物理环境改善的相关关系。近年来，人们开始关注作为城市绿地结构及功能单位的植物种类和群落结构——影响和决定城市绿地功能的关键所在。

在此过程中，国内的城市建设者近几十年来正面临着一个新的问题，一方面上至决策者、下至城市居民都在关注城市绿地的建设和使用；另一方面伴随着城市规模的日益扩大，城市土地的升值速度也越来越快，城市绿地的建设成本也就越来越高。解决上述矛盾，众多研究者认为应该依靠已有的理论成果及科技力量，在有限的绿地面积上，最大化生态效益，也就是尽可能地提高单位绿地面积的生态效益。这一共识的确立，极大地推动了城市绿地生态效益研究的进程。一个明显的趋势是，城市建设过程中集合了城市规划、交通及市政设施规划、风景园林、环境、城市生态学以及生物学的众多学科门类，城市规划和建设因此走向了更加理性、更加科学发展的轨道。

北京是中国的首都，这一古老而又年轻的城市因为2008年奥运会这一世界赛事被全世界瞩目。北京人口众多（截至2021年末，全市常住人口达2188.6万），各类城市建设用地，如居住用地、交通用地以及商业用地等日益紧张。在这种条件下，北京市划拨出680 hm^2 土地作为城市绿化基础设施用地，如何利用此珍贵的土地资源来高效、高品质地为城市居民提供服务，又能为城市的持续发展注入活力，成为一个严峻的课题摆在城市管理者面前。

北京奥林匹克森林公园（下文简称“奥运森林公园”）的规划设计团队密切关

注与园区土地利用方式紧密相关的山水格局规划、植物景观规划、生物多样性规划和附属设施规划。本研究依托于奥运森林公园生态规划设计开展，既能直接地为公园的运营和管理服务，又能间接地服务于其他城市开展的大规模城市绿地建设。

1.1 国内外相关研究进展

1.1.1 关于绿地植被吸收二氧化碳功能研究

二氧化碳（CO_2）相对于氮气（78%）和氧气（21%）在空气中含量极少（0.03%），但是对于生物尤其是绿色植物和动物却意义重大。二氧化碳是植物光合作用的原料和呼吸作用的产物之一，适当浓度的二氧化碳对于维持生物呼吸及呼吸中枢的兴奋性是必要的，但浓度过高或者过低的二氧化碳会对生物（尤其是动物）的生理活动产生不利影响，国外很多研究机构已经开展了全球范围内二氧化碳浓度升高背景下动植物生理响应的定量化试验（美国 MINK 和英国 TIGER 研究计划），成果比较显著。另外，主要来源于化石燃料（煤、石油）燃烧、农业和畜牧业的中间过程、垃圾处理等领域的二氧化碳也是引发温室效应而导致全球气候改变的气体之一，其浓度因为逐年增加而被社会普遍关注。过去 10 年中，大气二氧化碳浓度以平均每年 1.8 μmol/mol 的速度增加，数据显示，2007 年全球二氧化碳平均浓度为 379 μmol/mol，而 2008 年和 2009 年其浓度分别为 383 μmol/mol 和 390 μmol/mol，这是已知地球历史上 65 万年以来大气二氧化碳浓度的最高值。国内外很多学者和职能部门政府官员已经表达了对全球二氧化碳浓度升高这一事件的强烈关注。英国环境首席科学家皮尔斯·福斯特认为：“如果二氧化碳的年平均增长率确实上升，这个事件就非常重要。这意味着有关全球气温变暖的预测必须重新评估。如果二氧化碳的年平均增长率持续上升，情况就会变得很糟，我们的处境将是灾难性的。”英国政府前环境保护顾问汤姆·伯克认为：“测量二氧化碳的大气浓度，世界上就像有了一个气候钟，但现在看来气候钟开始走快了。这就意味着我们用于稳定全球气候的时间不多了，政府和企业都必须加大投资力度，才能避免出现全球气温变暖的灾难性后果”（中国科学院）。2009 年底在丹麦首都哥本哈根举行的世界气候大会（《联合国气候变化框架公约》第 15 次缔约方会议暨《京都议定书》第 5 次缔约方会议）已经将减少以二氧化碳为主的温室气体排放列为“责任共担”的焦点问题之一，尽管会议最终没有形成具有约束力的协议，但节能减排的观念和认识已经深入人心，人们纷纷将减少碳排放和“固碳”作为对自己生活的基本要求之一。具有“碳汇”功能的自然或人工生态系统在全球范围内得到了前所未有的重视。

全球生态系统中的海洋、陆地森林生态系统被称为高效的二氧化碳“碳汇”（carbon sink）。研究各种类型和地域尺度下森林区域自然状态下二氧化碳浓度变化特征（森林碳汇，forest carbon sinks）能够较好地反映森林生态系统释放与固定二氧化碳的源、汇关系，增强对森林大气二氧化碳交换功能的认识，能够为森林生态系统的保护、保育及修复提供科学依据。人类聚居和活动、工商业聚集的城市区域是自然界最主要的“碳源”之一，所以也是减少二氧化碳排放的主体。近年来，围绕如何减少碳排放，如何构建“低碳城市”，研究者通过系统分析国内、国际的相关理念与实践，阐释城市产业结构调整和技术进步（即低碳经济）、城市交通与土地使用、密度控制与功能混合等城市物理空间规划方法；部分研究者采用交叉学科方法，阐释国土空间规划、控制性详细规划、土地利用规划等“三规”政策制定过程中运用生态指标评估方法确定碳平衡关键因素，使城市规划方法及技术成为政府实现“碳中和”的重要手段；有学者结合具体案例探讨和进一步阐释未来城市居住社区的规划建设及治理，涉及空间组织模式、用地布局及实现低碳生态循环的社区环境共建等方面。城市建成区绿地（城市绿地）生态系统是人工生态系统，是自然生态系统的一部分，也是城市范围内能够实现“碳汇”功能的最主要空间单位。相关研究者围绕气候（生态）适应性城市及绿地规划决策过程以及“低碳”型城市及绿地规划设计技术方法（高效“碳汇”功能的植物群落构建）提出相关建议；也有学者系统性阐述城市高密度城区内以及城市规划周期内的不同阶段和空间尺度内的城市绿地碳汇量估算实践过程及方法。

城市绿地的“碳汇”贡献值相较于自然地域森林十分有限，但城市绿地具有显著的自然教育及示范功能，通过城市绿地区域植物群落的碳汇功能阐释，有助于人们认识和理解“碳汇”“碳达峰”及“碳中和”的过程和意义，从而更有利于推动个人和社会层面的节能减排过程；再者，具有显著碳汇功能的城市绿地构建过程本质上是循证设计过程，作为该过程的必要环节，研究既有城市绿地区域二氧化碳浓度时空分异的相关特定机制，并将该科学规律反馈支撑增量城市绿地规划设计（或存量绿地更新优化）实践，才能营造具有高效碳汇效应的城市绿地。由此可见，本研究的开展对于实现“碳中和”愿景将是大有裨益的。

1.1.2 关于绿地空气负离子浓度特征研究

空气负（氧）离子（negative air ions，NAI）是指空气中含氧负离子与若干个水分子结合形成的原子团（因氧分子具备较高的亲电性，会优先夺得自由电子形成带负电粒子，O_2^-（H_2O）$_n$ 或 OH^-（H_2O）$_n$，粒径约 10^{-8}mm）。其中，自由电子主要源于放射性物质(例如宇宙射线、紫外线等)引发的空气电离作用。但与此同时，雷电、运动水体（瀑布、海浪等）以及自然界树木的树冠、叶端的尖端放电以及绿色植物叶表面在短波紫外线的作用下发生的光电效应（主要指光合作用的光反应阶段）等也能够产生较高浓度的自由电子，进而形成较高浓度的空气负离子。空气负离子被称为“空气维生素和生长素”，针对其对人体生理机制的相关研究开始较早且发表在《自然》（*Nature*）和《科学》（*Science*）杂志上，但目前学界尚存争议。在一定环境条件下，空气负离子不断产生和消亡且存在寿命很短（一般几十秒或几分钟），使空气负离子消亡的原因之一是其在吸附（或凝结）空气气溶胶中同样为小粒径粒子的悬浮粒子（例如具有一定生理活性的 $PM_{2.5}$，粒径约 10^{-3}mm）时会进而被绿色植物粗糙的叶表面“滞留”或凝结成更大粒径粒子沉降至地面。在上述过程中，若环境中空气负离子浓度较低，则说明处于“游离”状态的小粒径悬浮粒子浓度越大，反映空气清洁度较低；反之，则说明空气清洁度较高。基于上述耦合关系，空气负离子浓度已经成为评价环境空气清洁度（城市/自然地域）的重要参数。国家林业和草原局在 2016 年发布《空气负（氧）离子浓度观测技术规范》LY/T 2586—2016 对空气负离子的监测、数据处理及评价方法等技术要求进行规定，相关研究结果之间的对比参照及互相检验也更趋于科学化。

目前针对空气负离子相关研究主要集中在自然森林地域与城市区域。针对森林空气负离子的研究最早可溯源至 20 世纪 80 年代的日本。近年来，国内部分学者专注森林旅游区空气负离子浓度全年尺度的时空格局特征（含森林植被生物特征及地理因素的）相关影响因素及评价体系、标准研究。城市区域因为复杂的功能区划，人口稠密以及高频度的工商业活动所产生的污染物浓度远高于森林地域，单位空气体积内的大、中、小粒径悬浮粒子含量极易超标进而影响该区域的空气质量。而城市绿地被证实能够显著改善城市人居环境质量。国内外研究者针对城市绿地区域的空气负离子浓度的时空分布特征及其影响因素开展了大量研究；在空气负离子与其他环境因子相关关系的阐释中，因为城市区域所处地域及物理环境、绿地自然属性的差异，得出的结论也不尽相同甚至有较大差异，所以相关数据积累及深入研究仍需进一步开展。针对上述科学问题，部分研究者尝试采用控制性试验方法阐释此相关关系；部分研究者以上海、厦门、北京、林芝、北戴河等不同地域城市绿地为研究对象，定点实测并定量化评价阐释城市绿地构成要素及其特征与空气负离子浓度的相关关系。相关研究虽较充分，但针对典型样地的多年持续监测少见报道，获取数据的随机性仍存在，所以有必要进一步丰富数据分析并接受更多、更深入的检验；再者，风景园林科学属于应用基础研究，具有很强的实践性，已有研究侧重阐释既有城市绿地区域空气负离子时空分异的相关特定机制，但在如何利用这些科学规律反馈支撑增量城市绿地规划设计（或存量绿地更新优化）实践，营造具有高效微环境效应城市绿地的相关阐述仍相对缺乏。

1.1.3 关于绿地空气微生物浓度特征研究

城市绿地作为城市建成环境中的自然生态系统具有多重功能，如固碳释氧、调湿降温、消减可致病微生物等，再如满足基本卫生需求、构建健康的物理环境、提高城市居民生活质量、实现“绿色康养”等，因此受到来自人居环境、生态学等学科的广泛关注。

作为自然地域和城市生态系统的重要组成之一，空气细菌、真菌孢子、放线菌和病毒等生物粒子对于自然界乃至城市的自然生态平衡和若干生命现象至关重要。然而，根据当前相关领域的研究成果可知，在人类已知的 1200 余种真菌和放线菌、4000 多种细菌中，绝大多数菌类的生物性与致病性尚不明确。在此背景下，一些学者在 20 世纪早期就通过相关研究提出，无菌或少菌的清洁环境是有益于人群健康的，同时空气菌类成为评价城市空气环境质量的重要指标之一。自然界中的森林区域和城市绿地中的植物个体与群体能够通过多种（物理或生化的）作用向空气释放对人类健康有益的有机化合物，进而消减空气中的菌类粒度（粒度概念指大气中固态颗粒物的空间密度，是描述单位空间内物质数量的度量单位）。目前该领域研究主要关注不同地域城市、不同城市功能区中空气微生物（细菌、真菌和病原微生物）的时空分异特征。研究表明，我国北京、广州、兰州等不同城市的空气优势菌类（主要是真菌和细菌）种类、粒度分布和时空分异特征存在显著差异；城市交通枢纽、绿地与道路、大学校园等不同区域的不同季节、不同功能空间（高校的教学区、景观区和运动区等）、建筑室内外区域的空气菌类的种类和数量上存在较大差异，同时人群密度及其活动特征也能够影响其范围内的空气微生物粒度分布。潘剑彬及其研究团队以北京奥林匹克森林公园绿地为例，自 2005 年（北京奥林匹克森林公园建成前期）至 2022 年持续动态监测绿地植物群落的微环境生态效益（例如消减空气菌类、降温增湿及空气负离子效益等），在其团队的阶段性著述中，阐述了公园绿地区域的空气菌类粒度以季节、日变化为代表的时间变化规律。

1.1.4 关于绿地消减 $PM_{2.5}$-O_3 复合污染效应研究

随着我国城市化水平的提高以及城市建成区人口密度的持续增加，京津冀、长三角、珠三角以及成渝等城市群，尤其是北京、天津等高密度城市建成区已经出现城市区域污染加剧、“城市热岛”等诸多城市物理环境问题。

最近 10 年来，全国主要城市区域频发污染物浓度超标现象，严重影响到城市居民人体健康、城市气候环境质量以及可持续发展。在众多的城市物理环境问题中，以 $PM_{2.5}$ 为代表的可吸入细颗粒物（含 $PM_{2.5}$、PM_{10} 等）和以 O_3 为代表的气态污染物浓度超标最具代表性和危害性。尤其是近年来京津冀及其他城市（群）在秋冬、夏秋季节呈现 $PM_{2.5}$、O_3 以及 $PM_{2.5}$–O_3 复合污染特征，应该引起足够重视。$PM_{2.5}$ 主要源于人类活动造成的土壤扬尘、燃烧等工业过程以及交通工具运行，多发于秋冬季节，通常具有显著的空间聚集性与扩散性。O_3 污染主要发生在夏秋季节且与 $PM_{2.5}$ 污染具有一定的同源性以及关联性，原因是二者具有共同的前体物氮氧化物（NO_x）和挥发性有机物（volatile organic compounds， VOCs），NO_x 和 VOCs 通过光化学反应产生 O_3，因两者产生机理不完全相同，故其时空分布特征亦有差异。在两者的消减（消散）和区域传输（溢出）因素中，较大尺度的空气流动（风）和植被覆盖被认为是最为有效的两类驱动力（高于化学能源利用和人口密度因素）。相关研究选取城市区域尺度、街道 / 街区尺度到风景园林场地尺度的研究对象，从城市蓝绿空间系统规划、街区 / 街道形态以及绿地景观空间构建角度阐释消散 / 消减 $PM_{2.5}$–O_3 复合污染的基本机制。部分研究者聚焦于植物景观群落 / 个体尺度，认为 $PM_{2.5}$ 浓度与局地植物三维绿量具有显著的负向相关关系。

1.1.5 关于绿地 $PM_{2.5}$ 暴露风险研究

较长时间暴露于污染环境对人体健康具有显著负面影响。在诸多城市污染物中，可吸入细颗粒污染物（$PM_{2.5}$、PM_{10} 等）因与人体健康密切相关近年来受到国内外学者广泛关注。$PM_{2.5}$ 主要源于人类主导的化石燃料燃烧过程及其他活动，在城市尺度、国土尺度上具有空间聚集性和异质性特征，即城市不同土地利用方式、景观格局对其区域的 $PM_{2.5}$ 浓度具有显著影响。王占山等（2015）、王嫣然等（2016）利用 2013—2014 年北京市域范围 35 个空气质量检测子站 $PM_{2.5}$ 实测数据并结合空间插值数据，探析 $PM_{2.5}$ 的日、月及季节变化特征以及国土尺度工业布局和区域传输、植被面积变化对北京市域 $PM_{2.5}$ 浓度空间格局的显著影响。孙敏等（2018）以浙江省域 47 个监测站点 $PM_{2.5}$ 实测数据为例开展研究，在与 $PM_{2.5}$ 浓度有显著相关性的 9 类土地利用方式中，水域和林地被认为能够消减 $PM_{2.5}$ 浓度。依据陈利顶等人（2006）提出的“源”“汇”景观理论，城市典型景观区域，如交通、（工 / 商业）人群聚集区域是 $PM_{2.5}$ 之“源”，而以城市绿地和自然 / 人工水域为代表的城市蓝绿生态空间及其系统是 $PM_{2.5}$ 之“汇”。城市蓝绿空间及其系统可以通过复合作用

（阻滞、吸收及湿沉降作用等）消减其区域的 $PM_{2.5}$ 进而降低 $PM_{2.5}$ 浓度，且该作用因该空间的环境差异呈现空间异质性特征。

近年来，反映城市居民个体健康效应的户外时空行为密度与 $PM_{2.5}$ 污染环境暴露风险评估受到国内外多学科研究者的关注。在一定尺度的城市空间范围内，利用实测方法以及基于实测数据的计算机数值模拟方法获取的 $PM_{2.5}$ 浓度数据加权人口分布空间密度数据，可以定量化阐释城市开放环境、室内半封闭空间中 $PM_{2.5}$ 的空间异质性特征及城市居民的暴露风险。如，张西雅等（2018）以北京市域 $PM_{2.5}$ 监测以及空间插值数据为基础并结合人口密度空间分布数据，评估北京市域范围 $PM_{2.5}$ 污染暴露风险的空间分布特征以及 2014—2016 年的时间变化特征。许燕婷等（2021）基于南京市区居民出行活动、污染物浓度等相关数据，获取居民行为活动暴露轨迹并评估居民体力活动的空气污染暴露水平及健康效益。城市绿地使用者人群（下文简称“访客”）的时空分布较其他城市功能区域有较大差异，即显著的非均一性以及时空流动性等特征。目前，反映访客在公园绿地内时空行为密度的研究方法中，比较常用、精准度也较高的是基于手机信令数据（mobile signal data，MSD），结合 GIS 工具进行空间定位后计算和分析特定范围内的城市绿地访客时空密度。

综上，针对城市多样化尺度空间与 $PM_{2.5}$ 污染空间异质性相关关系的研究较多，而针对城市绿地这一特定景观类型区域环境特征与 $PM_{2.5}$ 空间差异性相关关系的阐释却相对不足。结合城市绿地区域访客时空行为密度的 $PM_{2.5}$ 暴露风险评估不仅可以阐明绿地环境特征与 $PM_{2.5}$ 空间分异的相关关系，还可以进一步探析城市绿地区域内与访客人群健康福祉密切相关的 $PM_{2.5}$ 暴露风险空间格局，为后续识别城市绿地访客健康引导及景观优化提供科学依据。

1.1.6 关于绿地人体感热舒适度研究

随着城市化水平的持续提高，土地覆盖类型的变化致使城市区域景观格局及其物理环境发生根本性改变。城市建成区范围大量的道路场地等硬质铺装，大体量人工建（构）筑物以及人类生产、生活过程排放的气态污染物和人工热源，致使城市热环境发生了根本改变，尤其是城市中心区地表气温明显高于郊区，形成“城市热岛”（urban heat island，UHI）。城市热岛效应的持续加剧不仅会改变城市与郊区间的大气环流过程，而且还会加大城市能源消耗、加剧大气污染，进而影响城市环境的人体感舒适度，不利于城市可持续发展及人居环境质量的提高。

已有研究主要基于城市（含城市区域）、景观（含绿地）两种尺度类型对城市热岛现象进行关注。城市尺度类型中，熊鹰等通过复合方法分析长沙市域温度空间格局变化及其与自然、人文等诸多相关因子之间的关系，研究表明城市热岛与城市的空间发展方向具有一致性，与城市建设强度呈现正相关特征，且与城市景观格局、以 POI 空间大数据为标示的人文因素间具有显著相关关系。其他相关研究认为，城市中的地表覆盖类型及其比例，自然水域面积，林地植物群落郁闭度等因素与城市地表温度存在显著的相关关系。该城市尺度研究的数据获取方法主要是基于高清卫星影像数据的解译及反演。景观及绿地尺度中，付尧（2017）以全国 183 个重点城市 1990—2016 年夏季热环境因子为研究对象，揭示快速城市化过程中城市热环境时空演变的驱动机制，即城市绿地群落结构和景观格局特征，例如城市绿地斑块特征，建筑及其占地面积、体积、立体绿化等因素对城市热环境空间格局具有显著的调节作用。其他研究也得出相同或相近的结论。通过上述研究可得出，城市绿地区域的地表温度要低于城市一般区域，因而被称为“城市冷岛”。城市绿地（林地、草地）及其范围内水体的面积、形状指数是“城市冷岛效应”强度和空间影响范围的决定性因素。该尺度研究中，较通用的数据获取方法是定点实测以及基于实测数据的空间插值和数值模拟。

人体感热舒适度（human thermal comfort， HTC）（下文简称“体感舒适度”）与建筑室内或城市开放空间热环境相关，是以数字化方式定量描述人在风景园林客观环境中主观感受的指标。目前相关研究中用到的 HTC 评价方法有不舒适指数（discomfort index， DI）、湿球黑球温度（WBGT 指标）、综合舒适度指数（S 指标）、生理等效温度（physiological equivalent temperature， PET）、PMV-PPD 热舒适度指标（Predicted Mean Vote， PMV）等。上述舒适度指数均有其适用对象和范围，其中，PMV-PPD 热舒适度指标方法于 20 世纪 70 年代被提出并应用于依赖空调的空间（空调列车厢、机舱等）舒适性分析。近年来，有研究者尝试将该方法应用于评价不同地域城市的建筑开放空间区域体感舒适度，本书将使用该方法阐释城市绿地区域人体感热舒适度水平的空间分异特征。

已有研究中，针对城市热环境，城市尺度研究主要从定量化角度描述城市空间形态特征与城市热岛强度的空间相关性，从而服务于城市经济与社会发展及物质空间规划等。景观及绿地尺度研究较多关注影响城市热岛强度的相关因素，从而为该尺度下城市空间的增量规划设计和存量更新中基于减缓热岛效应强度和影响范围提供科学依据。而城市绿地内部的林地、水体、草坪和硬质铺装的影响，其区域热环境存在某种空间分异特征，但目前对绿地景观类型（含植物群落结构、群落类型和典型景观环境）影响人体感舒适度角度开展的定量化研究相对不足。

1.2 研究内容

1.2.1 北京奥林匹克森林公园绿地概况

北京市（39° 54′ 20′′ N，116° 25′ 29′′ E）位于华北平原西北边缘。西部是太行山山脉余脉的西山，北部是燕山山脉的军都山，两山在南口关沟相交，形成一个向东南展开的半圆形大山弯，人们称之为“北京湾”。诚如古人所言：“幽州之地，左环沧海，右拥太行，北枕居庸，南襟河济，诚天府之国”。北京地区的气候是典型的暖温带半湿润大陆性季风气候，夏季高温多雨，冬季寒冷干燥，春、秋短促。以 2007 年为例，北京市全年平均气温 14.0℃，平均降水量 483.9mm，为华北降水最多的地区之一。北京市降水季节分配很不均匀，全年降水的 80% 集中在夏季 6、7、8 月三个月，7、8 月有大雨。北京地区的地带性植被为温带落叶阔叶林并兼有温带针叶林的分布，据《北京植物志》（1984）记述，北京地区共有维管植物 2056 种（包括栽培植物），分属 869 属、169 科。其中，蕨类植物有 20 科，30 属，75 种；裸子植物 9 科，18 属，37 种；被子植物 104 科，821 属，1944 种。从植物区系组成分析，自生被子植物中，以菊科、禾木科、豆科和蔷薇科的种类最多，其次是百合科、莎草科、伞形科、毛茛科、十字花科和石竹科，反映区系成分以华北成分为主。此外，在平原地区还有欧亚大陆草原成分，如蒺藜、猪毛菜、柽柳、碱蓬等，深山区保留有欧洲西伯利亚成分，如华北落叶松、云杉、圆叶鹿蹄草、舞鹤草等；同时，有热带亲缘关系的种类在低山平原也普遍存在，如臭椿、栾树、酸枣、荆条、黄草、白羊草等。这些反映了组成北京植被区系成分的复杂多样。

北京是我国首都、直辖市、国家中心城市及超大城市，是我国的政治中心、文化中心、国际交往中心、科技创新中心。截至 2021 年末，北京市域常住人口达 2188.6 万，市区局部区域人口密度超过 2.6 万人 /km^2（北京市统计局，2019）。北京城市建城区物理环境存在较多问题，例如夏季的“城市热岛”及 O_3 污染、秋冬季节的可吸入细颗粒物浓度过高等。北京城市物理环境的改善，不仅是提升人居环境质量的惠民之举，也对“促进城市更新与可持续发展”的国家战略实施具有示范意义。

奥运森林公园（40° 00′ N，116° 22′ E，Beijing Olympic Forest Park，BOFP）是北京奥林匹克公园的重要组成部分。奥运森林公园南起奥林匹克中心主场馆区，横跨城市主环路（北五环路），北接清河北路的城郊防护绿地，东起安立路，西至白庙村路，总面积达 680 hm^2（绿地面积约 450 hm^2，水域面积约 122 hm^2）（图 1–1）。在整个奥运森林公园区域，多种乡土植物及群落构成主要的景观体，公园绿地植

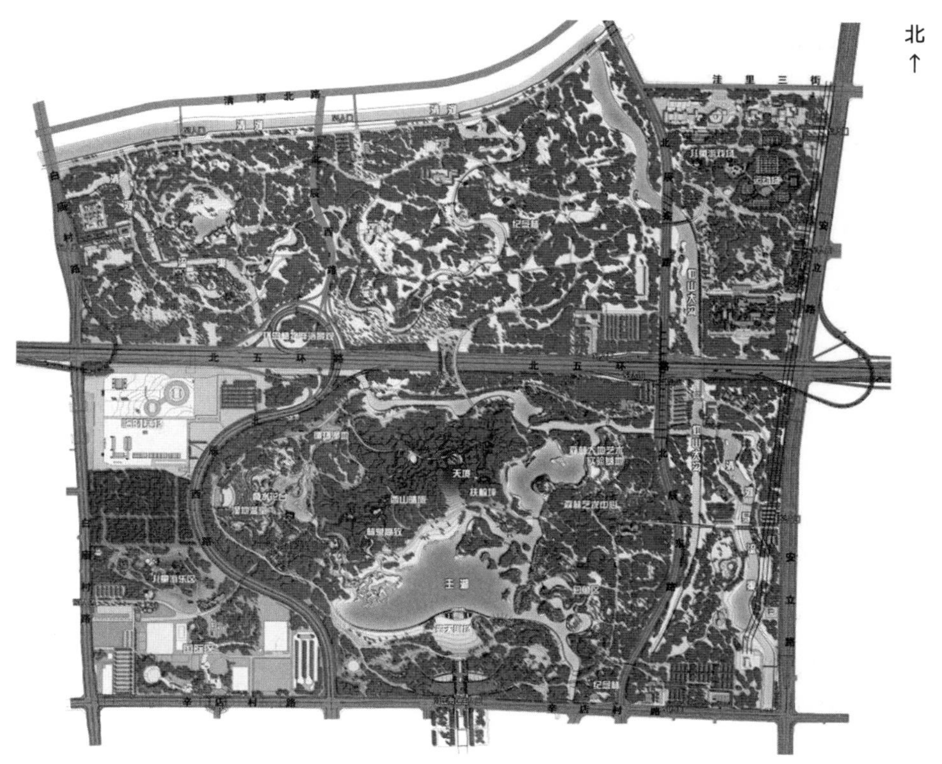

图 1–1 奥运森林公园总平面图
（图片来源：原北京清华城市规划设计研究院）

物种植以本土乔木、花灌木和草本植物为主，整体绿化覆盖率达 95.61%（植物群落区域占地面积高于 70%）。奥运森林公园自 2004 年开始规划建设，至 2008 年 7 月建成使用，截至目前已建成开放十余年。

1.2.2 研究内容

本书致力于研究和探讨城市公园绿地的微环境效应。研究与城市绿地微环境效应密切相关的微环境生态效应因子，如降温增湿、固碳释氧、影响产生空气负离子及消减空气微生物，$PM_{2.5}$、PM_{10}、O_3复合污染及降低$PM_{2.5}$污染暴露风险水平等。

本书以奥运森林公园绿地为对象，于 2005—2022 年（该时间段贯穿公园建设前期、建设过程中和建成使用后期），通过在奥运森林公园内设置 17 处固定样点以及在城市区设定对照样点（作为城市区本底微环境因子），连续动态实测能够阐释城市空气质量的微环境效应因子数据，阐释公园绿地区域微环境效应在时间和空间两个维度的分异特征。

第 2 章以奥运森林公园绿地实测二氧化碳数据为分析对象，阐明公园绿地区域二氧化碳浓度在测定日、季节及年度3个时间尺度上的变化特征；阐明公园绿地区域二氧化碳浓度在不同的绿地植物群落结构、植物群落类型区域上的空间差异化特征；进一步阐释影响上述二氧化碳浓度时空分异特征的驱动机制及可能的影响因素。

第3章以奥运森林公园绿地实测空气负离子数据为分析对象，阐明公园绿地区域空气负离子在测定日、季节及年度3个时间尺度上的变化特征；阐明公园绿地区域空气负离子在不同的绿地植物群落结构、植物群落类型及典型景观环境区域上的空间差异化特征，及公园绿地区域内的空间格局特征；阐明空气负离子与空气温湿度、植物群落郁闭度的相关关系；进一步阐释上述空气负离子时间、空间分异特征的驱动机制及可能的影响因素。

第4章以奥运森林公园绿地实测空气菌类（细菌和真菌）数据为分析对象，阐明公园绿地区域空气细菌、真菌在测定日、季节及年度3个时间尺度上的变化特征；阐明公园绿地区域空气微生物在不同的绿地植物群落结构、植物群落类型区域上的空间差异化特征；进一步阐释上述空气细菌、真菌时间、空间分异特征的驱动机制及可能的影响因素。

第5章以奥运森林公园绿地实测$PM_{2.5}$、O_3数据为分析对象，阐明公园绿地区域$PM_{2.5}$、O_3及$PM_{2.5}$–O_3复合污染在不同的绿地植物群落结构、植物群落类型及典型景观环境区域上的空间差异化特征；进一步阐释上述$PM_{2.5}$、O_3及$PM_{2.5}$–O_3复合污染时间、空间分异特征的驱动机制及可能的影响因素。

第6章以奥运森林公园绿地实测$PM_{2.5}$并结合手机信令数据为分析对象，阐明公园绿地区域的访客行为密度、空气质量评价（AQI值）及$PM_{2.5}$污染暴露风险水平的时间、空间差异化变化特征；进一步阐释$PM_{2.5}$污染暴露风险水平时间、空间分异特征的驱动机制及可能的影响因素。

第7章以奥运森林公园绿地实测空气温度、空气相对湿度、风速风向数据为分析对象，阐明奥运森林公园绿地区域人体感热舒适度的时间、空间差异化变化特征；进一步阐释人体感热舒适度水平时间、空间分异特征的驱动机制及可能的影响因素。

第8章基于上述研究提出公园绿地基于上述微环境效应提升的规划设计及景观改进建议。

第2章

公园绿地二氧化碳浓度时空分异特征研究

2.1 研究方法

2.1.1 样点设置

如表 2-1 所示，A~I 样点位于奥运森林公园南园，J~Q 样点位于奥运森林公园北园。奥运森林公园内样点的设置主要依照随机均匀原则，参照大地坐标，在经纬线交叉点布置，同时依据样点所能代表的植物群落类型和群落结构的典型性原则对样点位置进行微调。该部分中，以奥运森林公园南园绿地 10 个样点的测定数据为例来说明由公园绿地核心区向边缘区的二氧化碳浓度空间梯度变化特征。其中，样点 A~E 位于南园核心区，F~G 位于南园核心区与边缘区的过渡区，H~I 位于南园西侧边缘，临近城市主路（表 2-1、图 2-1）。

对照样点 1（CK 1）：位于奥运森林公园西侧居民小区庭院，周边绿化景观较少，与奥运森林公园直线间距约 300 m。此对照样点指示距离公园较近的城市区环境。

对照样点 2（CK 2）：位于北京林业大学主入口铺装场地，周边约 20 m 外为复层结构风景林；与清华东路中心线相距约 45 m，双向车流量约 27 辆 /min；与奥运森林公园直线间距约 3000 m。此对照样点指示一般城市环境。

公园绿地样点基本信息　　表 2-1

样点	群落结构	群落类型	优势种（DS）	株高（m）	胸径（cm）	冠幅（m）	冠层高度（m）	郁闭度（CD）	三维绿量（m^3）
CK 1	—	—	—	—	—	—	—	—	—
CK 2	—	—	—	—	—	—	—	—	—
A	TG	DBP	毛白杨（*Populus tomentosa*）	10.0~12.0	25~30	2.0~2.5	5.0~6.0	0.65	3278.70
B	—	—	绦柳（*Salix matsudana* cv. *pendula*）	4.5~5.5	20~25	4.0~4.5	2.0~2.5	0.25	486.20

续表

样点	群落结构	群落类型	优势种（DS）	株高（m）	胸径（cm）	冠幅（m）	冠层高度（m）	郁闭度（CD）	三维绿量（m^3）
C	TSG	DBP	绦柳（*Salix matsudana* cv. *pendula*）	5.5~6.0	20~25	3.5~4.0	3.0~3.5	0.75	4320.10
D	TSG	CBP	圆柏（*Sabina chinensis*）	3.5~4.0	20~25	2.0~2.5	1.5~2.0	0.85	3910.20
			国槐（*Sophora japonica*）	5.0~6.0		4.5~5.0	2.5~3.0		
E	T	CP	油松（*Pinus tabulaeformis*）	3.0~3.5	10~15	3.5~4.0	1.5~2.0	0.35	1082.30
F	TG	DBP	旱柳（*Salix matsudana*）	7.0~8.0	20~25	4.5~5.0	3.0~4.0	0.85	2347.40
G	SG	S	紫丁香（*Syringa oblata*）	2.5~3.0	—	2.0~2.5	1.5~2.0	0.75	592.80
H	SG	S	金叶莸（*Caryopteris* × *clandonensis* 'Worcester Gold'）	0.5~1.0	—	—	—	0.45	327.50
I	SG	S	大叶黄杨（*Euonymus japonicus*）	0.5~1.0	—	—	—	0.45	834.30
J	SG	CP	油松（*Pinus tabulaeformis*）	4.5~5.0	10~15	2.5~3.0	2.0~2.5	0.55	1078.10
K	SG	DBP	榆叶梅（*Prunus triloba*）	3.0~3.5	—	2.0~2.5	1.0~1.5	0.75	1093.30
L	G	G	地被及草坪（Grass）	—	—	—	—	0.75	327.30
M	TS	CP	油松（*Pinus tabulaeformis*）	3.5~4.0	10~15	2.5~3.0	1.5~2.0	0.95	2310.20
N	TSG	CBP	毛白杨（*Populus tomentosa*）	9.5~10.0	25~30	2.5~3.0	5.0~6.0	0.90	3454.50
O	TSG	DBP	国槐（*Sophora japonica*）	6.5~7.0	20~25	4.0~4.5	2.5~3.0	0.90	4213.30
P	TG	DBP	银杏（*Ginkgo biloba*）	4.5~5.0	15~25	2.5~3.0	2.0~2.5	0.75	1273.80
Q	TG	DBP	国槐（*Sophora japonica*）	3.5~4.0	15~20	3.0~3.5	2.0~3.0	0.75	2110.70
			白蜡（*Fraxinus chinensis*）			5.0~6.0	3.0~4.0		

注：1. 三维绿量数据反映以样点控制点为中心的周围植物群落范围（30 m × 30 m，面积 900m^2）所有生长植物茎叶所占空间体积，基础数据来源为高分辨率卫星影像。

2. 样点 E 位于景点"天境"，其海拔高度为 85 m，相对于其他公园绿地样点高度为 43 m。

公园绿地样点和对照样点地理位置系由 GPS 定位仪在首次测定时定位（2005 年），后续测定均依照此位置。试验时，二氧化碳浓度、空气负离子浓度、空

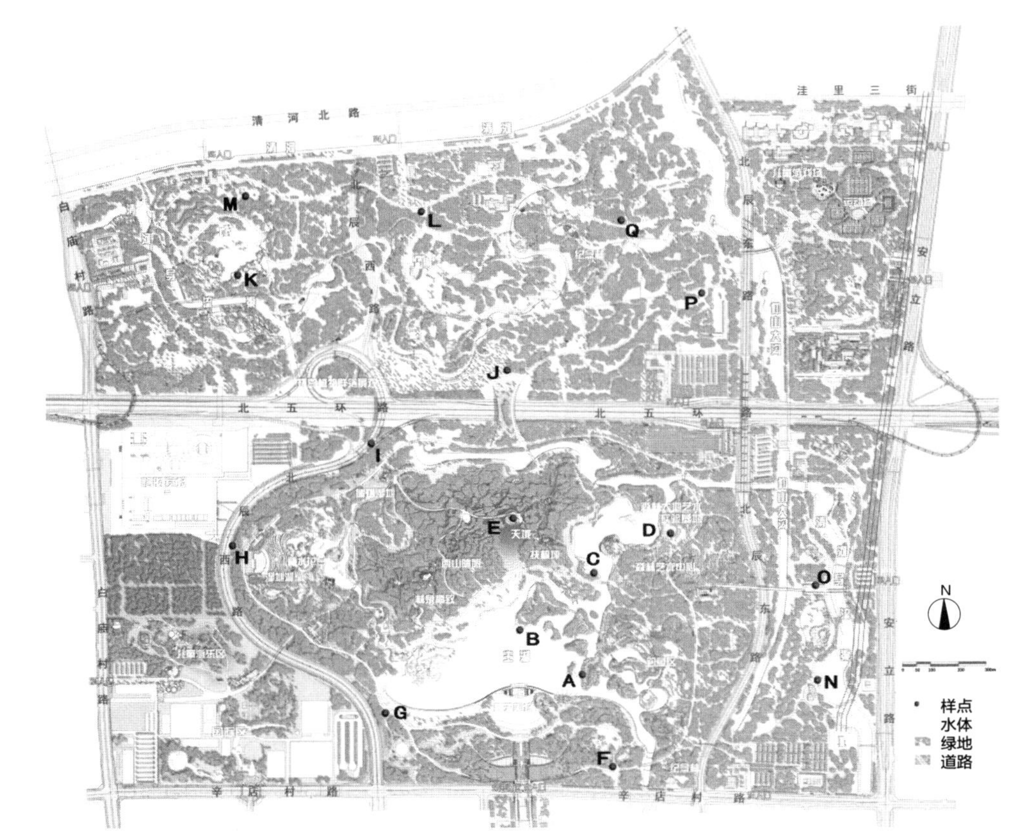

图 2-1 公园绿地样点分布示意

气温湿度、空气微生物浓度同时测定，这些测定仪器分布在以样点为中心的10 m × 10 m 范围内。奥运森林公园样点均位于 30 m × 30 m 群落样方的中心，而植被郁闭度、植被群落结构和群落类型、植物优势种则反映公园绿地建成后这一群落样方范围的植被信息。

2.1.2 试验方法

本书选取奥运森林公园绿地植物群落区域二氧化碳浓度持续实测的典型年度（2020 年）、典型植被生长季（8 月初至 8 月中旬）的试验时间数据开展分析。试验前期以实地调研方式获得 17 处试验样点 30 m × 30 m 样方（面积为 900m^2）的绿地群落优势种株高、胸径、冠幅、冠层高度及郁闭度、三维绿量等绿地植物群落特征参数。

试验仪器为 6 台室外空气品质测试仪（瑞典产，型号为 SWEMA TF 9），该仪器可以同时多通道并线采集以及自动记录存贮二氧化碳浓度以及与该研究紧密相关的空气温度和相对湿度、风速和风向数据。实测中，每台仪器单独实测 1 处试验样点，每个指标数据设定 3 个重复；试验时间为 2020 年 8 月 10—25 日，气象条件为晴朗（云量不高于 30%）、静风（不超过 4m/s，若某测定时间段测点风速值超过该数值，则弃用该时段数值；若 3 个重复测点数据均超标，则启用备用数据）并避开降雨天气（如遇降雨天气，试验延后 3 天进行）。试验前期以实地调研方式获得 17 处试验样点绿地群落 30 m × 30 m 样方的优势种株高、胸径、冠幅、冠层高度及郁闭度等绿地植物群落特征参数（图 2–2）。

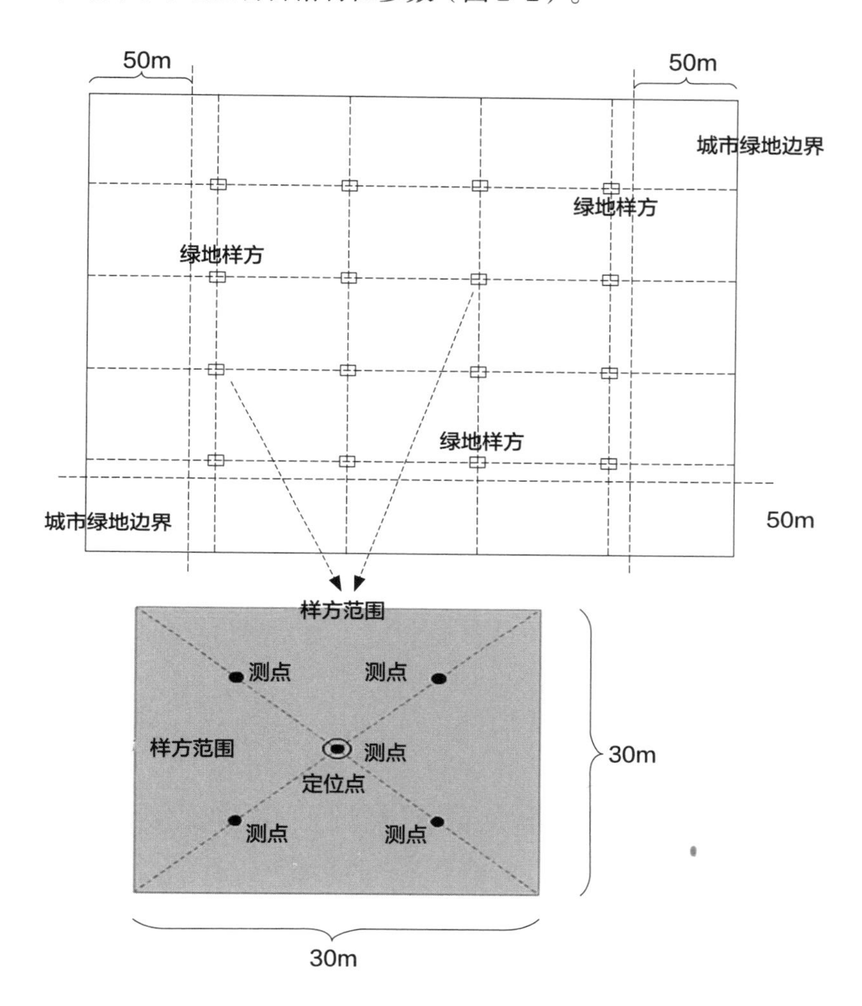

图 2–2 公园绿地样点布局原则及样方范围（示意）

试验中，仪器直接测定试验样点距地面 1.5 m 处（人行高度）的二氧化碳浓度等指标数据，于 08:00—17:00 共 9 小时每隔 10 分钟自动记录 1 组数据（试验时段内每试验样点记录 54 组数据，每组测定数据含 20 个记录值，即试验时间内，每个试验样点记录数据共 1080 个，公园绿地全园共 18360 个有效数据）。奥运森林公园绿地北园 6 处试验样点同组同步测定（每个试验样点布置 1 台仪器）。南园 11 处试验样点同步分组测定（每台仪器测定所在样点及邻近两点数据，时间间隔为 1 小时）。

另外，为研究奥运森林公园的二氧化碳浓度年度内变化，于 2009 年 6 月至 2010 年 5 月逐月测定了公园绿地的二氧化碳浓度，测定时间为每月下旬的 3 ~ 4 天内，于气象条件相对较一致和稳定的时期进行，以避开天气尺度的大气环流对试验数据的影响。

依据下列公式取其算术平均值：

$$\bar{c}_j=(C_1+C_2+\cdots+C_n)/n \qquad (2\text{–}1)$$

式中：$\bar{c}_j$为测定时段样点二氧化碳浓度平均值（μmol/mol）；C_1，…，C_n 为测定时段样点二氧化碳浓度测定值（μmol/mol）；n 为测定值个数（n=30）。该公式用于二氧化碳浓度日变化特征研究。

$$\bar{c}_i=\frac{1}{m}\sum_{j=1}^{m}\bar{c}_j \qquad (2\text{–}2)$$

式中：$\bar{c}_i$为月份二氧化碳浓度测定数据的平均值（μmol/mol）；$\bar{c}_j$为二氧化碳浓度测定数据日平均值（μmol/mol），用于指代典型季节二氧化碳浓度（j=10）；m 为重复试验次数（m=2）。该公式用于二氧化碳浓度季节变化特征研究。

试验结果数据分析过程中，以 2 个对照样点被测生态效益因子的数据平均值指示城市区域环境本底数据。

2.2 结果与分析

2.2.1 公园绿地二氧化碳浓度日变化及梯度变化特征

2.2.1.1 公园绿地植物生长季二氧化碳浓度日变化及梯度变化特征

图 2–3 为 2005—2010 年奥运森林公园绿地在植物生长季的二氧化碳浓度日变化特征。结果显示，2005—2009 年公园绿地二氧化碳浓度的日变化特征基本相同，而 2010 年其数据变化特征较前五年有较大差异。下面将以 2009 年数据为例说明公园绿地植物生长季二氧化碳浓度日变化特征。

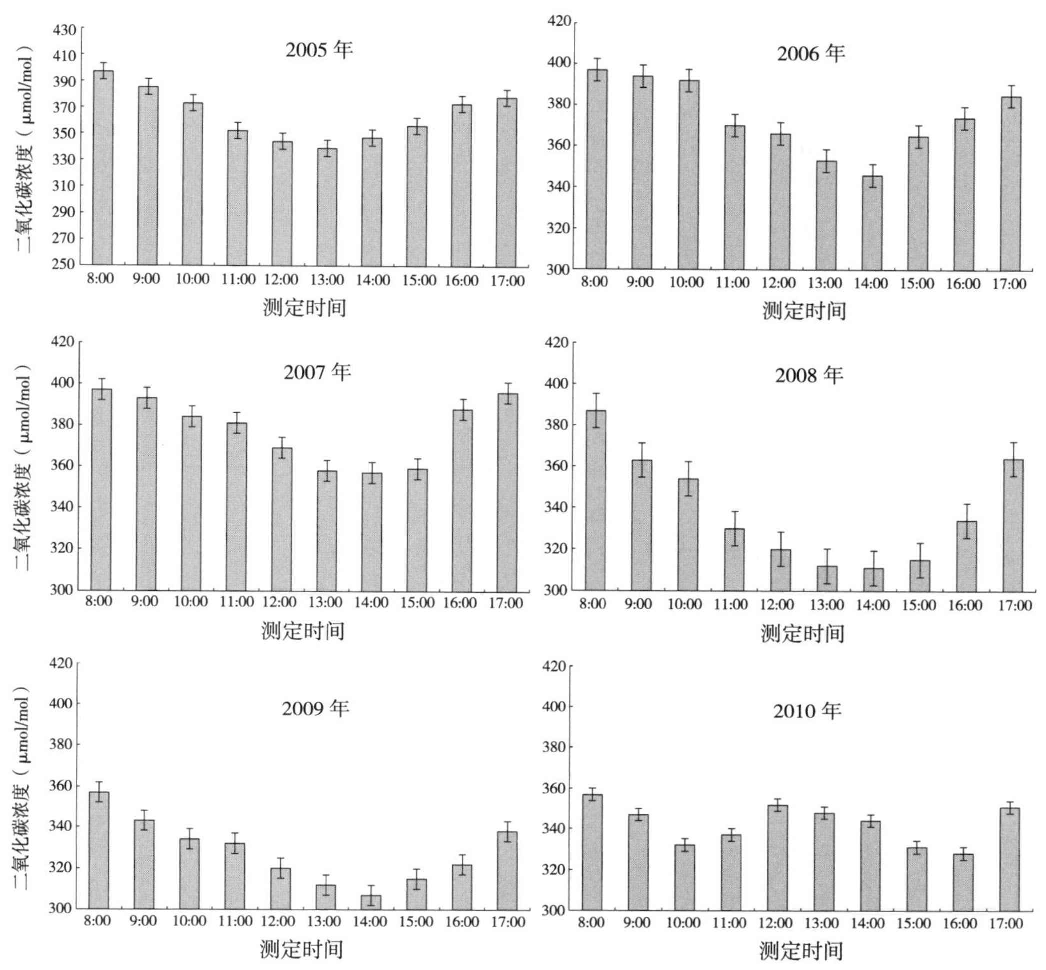

图 2-3 公园绿地各测定年度植物生长季二氧化碳浓度

图 2-4 的数据显示，公园绿地样点二氧化碳浓度在植物生长季的测定时间内呈现较为显著的先下降后上升的趋势，而且较对照样点具有较高的日变化幅度（86μmol/mol，对照样点二氧化碳浓度日变化幅度为 71μmol/mol），并且在测定时间内的不同时段呈现具有显著差异的变化特征。

图 2-5 所示为奥运森林公园绿地不同区域样点在植物生长季的二氧化碳浓度日变化趋势和特征。核心区样点测定时间二氧化碳平均起始浓度为 383μmol/mol，在测定时间内下降到平均 301μmol/mol，变化幅度为 82μmol/mol；边缘区样点二氧化碳平均起始浓度较核心区样点高 38μmol/mol，在测定时间内下降到平均 322μmol/mol，变化幅度较核心区样点高 17μmol/mol。表 2-2 的方差分析结果显示，公园绿地不同区域样点的二氧化碳浓度差异显著。对照样点呈现的二氧化碳浓度变化趋势与奥运森林公园绿地样点类似，但其日变化幅度为 71μmol/mol，此值较公园绿地核心区样点低。

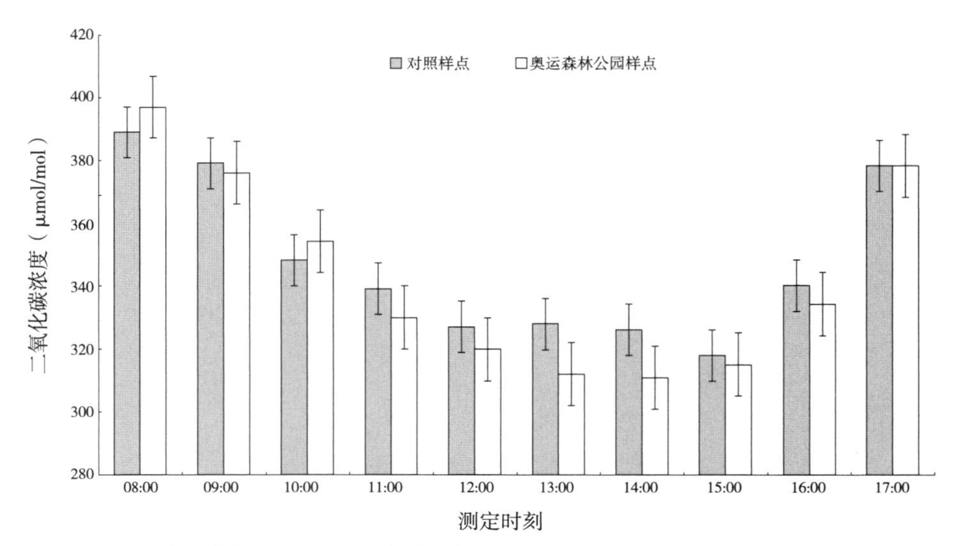

图 2-4 公园绿地植物生长季二氧化碳浓度（一）

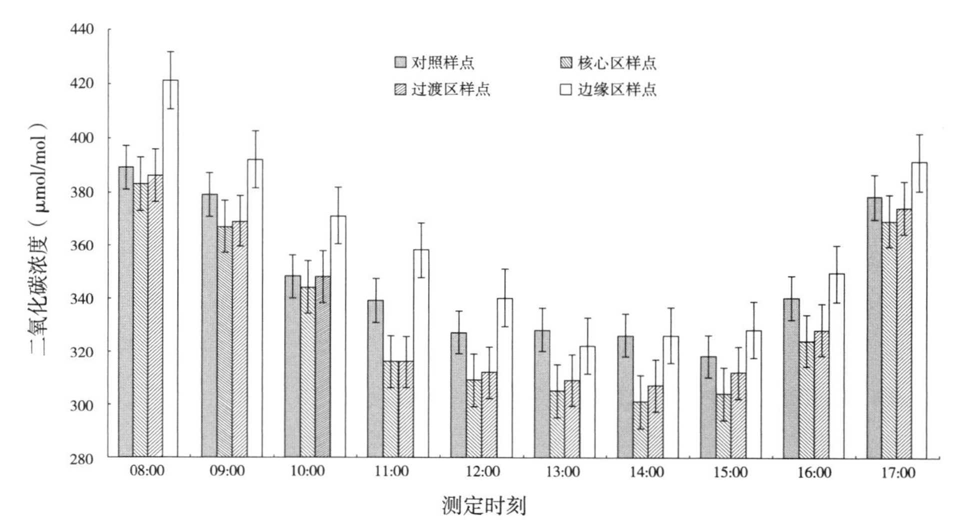

图 2-5 公园绿地植物生长季二氧化碳浓度（二）

公园绿地植物生长季二氧化碳浓度方差分析　表 2-2

	平方和（SS）	自由度（df）	均方（MS）	均方比（F）	显著性（$F_{0.05}$）
组间	4462.200	2	2231.100	2.231	0.127
组内	27000.100	27	1000.004		
总计	31462.300	29			

08:00—11:00，样点与对照样点的二氧化碳浓度均呈不同程度的下降趋势。其中，过渡区样点的二氧化碳浓度下降速度最大，3 小时内降低 67μmol/mol；而边缘区样点的二氧化碳浓度下降速度居中，3 小时内降低 63μmol/mol；对照样点的下降速度最小，3 小时内降低 50 μmol/mol。

11:00—13:00，样点 A~I 的二氧化碳浓度以较低的速度缓慢下降，2 小时内由 330μmol/mol 下降到 312μmol/mol。不同的区域样点表现为缓慢下降或低浓度浮动特征，其中，核心区样点二氧化碳浓度浮动范围为 305~316μmol/mol，边缘区样点浓度由 358μmol/mol 下降至 322μmol/mol。对照样点二氧化碳浓度亦呈现浮动变化特点，浮动范围较样点小，为 328~339μmol/mol。

13:00—17:00，样点 A~I 的二氧化碳浓度表现为先下降后上升的特点，在 14:00 左右达到测定时间内的最低值后升高。核心区样点平均最低浓度为 301 μmol/mol，并基于此在 14:00—17:00 范围内升高至约 369μmol/mol，变化幅度达 68μmol/mol，每小时上升约 23μmol/mol；相对于此，边缘区样点二氧化碳平均最低浓度为 322μmol/mol，测定时间内升至 391μmol/mol，每小时上升 23μmol/mol。对照样点的二氧化碳浓度也表现出与公园绿地样点基本相同的变化特征，达到二氧化碳最低浓度的时间点为 15:00，至测定时间结束，升高至 378μmol/mol，上升幅度达 60μmol/mol，升高速度每小时约为 30μmol/mol。

另外，因为公园绿地样点 A~I 的设置系根据均匀布点原则，在植物生长季的任一相同时间段，例如 11:00 的二氧化碳浓度数据，通过对比可以发现，由核心区样点（例如 B、D）经由过渡区样点（例如 F、G）向边缘区样点（例如 H、I）过渡过程中，二氧化碳浓度呈现较为明显的递增梯度性变化特征。

2.2.1.2 公园绿地非植物生长季二氧化碳浓度日变化及梯度变化特征

图 2-6、图 2-7 呈现公园绿地样点及对照样点非植物生长季的二氧化碳浓度日变化趋势和特征。整体趋势呈现为先下降后升高的特点，这与植物生长季类似，但相对于植物生长季其二氧化碳浓度日变化幅度却较小，为 55μmol/mol。公园绿地样点起始二氧化碳平均浓度为 443μmol/mol，此值高于植物生长季节。其中，核心区样点在测定时间内二氧化碳浓度由 441μmol/mol 降低至 384μmol/mol，降低幅度为 57μmol/mol；边缘区样点二氧化碳浓度测定时间内降低至 409μmol/mol，降低幅度仅为 38μmol/mol。对照样点的二氧化碳起始浓度、变化幅度与奥运森林公园内边缘区样点一致。

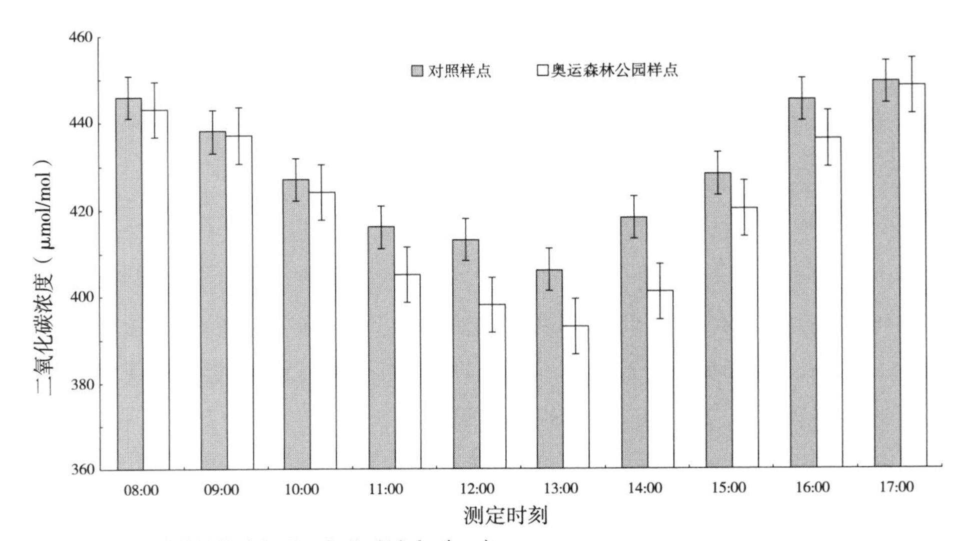

图 2-6 公园绿地非植物生长季二氧化碳浓度（一）

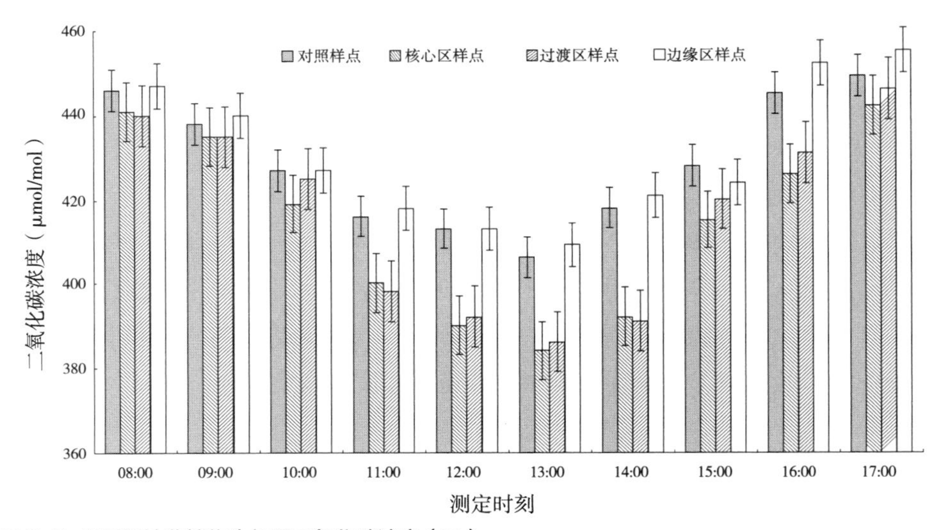

图 2-7 公园绿地非植物生长季二氧化碳浓度（二）

08:00—11:00，奥运森林公园内样点与对照样点的二氧化碳浓度均呈现下降趋势。其中，样点 A~I 降幅为 12μmol/（mol・h）；对照样点降幅为 10μmol/（mol・h）。上述数值均低于植物生长季浓度。11:00—13:00，样点 A~I 的二氧化碳浓度在 400 μmol/mol 上下浮动。其中，核心区样点二氧化碳浓度浮动范围为 384~400 μmol/mol，边缘区样点二氧化碳浓度浮动范围为 409~418μmol/mol。对照样点二氧化碳浓度浮动范围则为 406~416μmol/mol。在 13:00，出现了非植物生长季的二氧化碳浓度最低值，为 393μmol/mol（样点二氧化碳浓度均值），其中核心区样点为 384μmol/mol，边缘区样点为 409μmol/mol，而且非植物生长季二氧化碳浓度最低值出现时间较植物生长季提前 1 小时。13:00—17:00，奥运森林公园内样点 A~I 和对照样点二氧化碳浓度均表现为上升的特点。奥运森林公园内样点由 393μmol/mol 升至 448μmol/mol，升幅为 55μmol/mol。对照样点由 406μmol/mol 升至 449μmol/mol，升幅为 43μmol/mol。

如表 2–3 所示，在非植物生长季，奥运森林公园内样点的二氧化碳日均浓度梯度变化较显著（0.176），但是其显著性低于植物生长季（0.127）。

公园绿地非植物生长季二氧化碳浓度方差分析 表 2-3

	平方和（*SS*）	自由度（*df*）	均方（*MS*）	均方比（*F*）	显著性（$F_{0.05}$）
组间	1560.267	2	780.133	1.855	0.176
组内	11355.200	27	420.563		
总计	12915.467	29			

2.2.2 公园绿地二氧化碳浓度季节变化特征

图 2–8 所示为测定年度（2005—2010 年）4 个季节（春、夏、秋、冬）的二氧化碳浓度，部分季节呈现出较为显著的变化特征。

图 2–7 a 呈现的是测定年度春季的二氧化碳浓度变化特征，公园样点（平均浓度 396μmol/mol）与对照样点（平均浓度 398μmol/mol）的二氧化碳浓度特征都较为明显，其具体特征是在 2008 年以前，对照样点二氧化碳浓度低于公园样点而在 2008 年之后却高于公园样点。另外，2005—2010 年，公园样点二氧化碳浓度表现为并不显著的升高趋势，只是在 2008 年二氧化碳浓度有小幅度下降。

图 2–7 b 呈现了二氧化碳浓度在测定年度夏季的变化特征。与春季二氧化碳浓度不同的是，对照样点浓度在测定年度内多数年份（除 2006 年和 2007 年外）均高于公园样点。另外，在六年的测定时间内，公园样点二氧化碳浓度表现为先上升再下降然后再升高的特点，对照样点亦然。

图 2–7 c 呈现了二氧化碳浓度在测定年度秋季的变化特征，在此季节所有的测定年度均表现出对照样点二氧化碳浓度高于公园样点的特征。其中，在 2004—2007 年二氧化碳浓度明显升高，而在 2008 年出现一个非常显著的最低值，在此之后的 2009 年，二氧化碳浓度又出现一个显著的最高值，并在 2010 年秋季降低到一个比较低的浓度值。

图 2–7 d 呈现了二氧化碳浓度在测定年度冬季的变化特征，总的来讲，冬季二氧化碳浓度变化较为平缓，并无显著的峰值。值得注意的是在此季节，以 2008 年为界，2005—2007 年对照样点二氧化碳浓度均低于公园样点，而在 2008—2010

年对照样点均高于公园样点。

表 2–4 为公园绿地不同季节二氧化碳浓度方差分析。

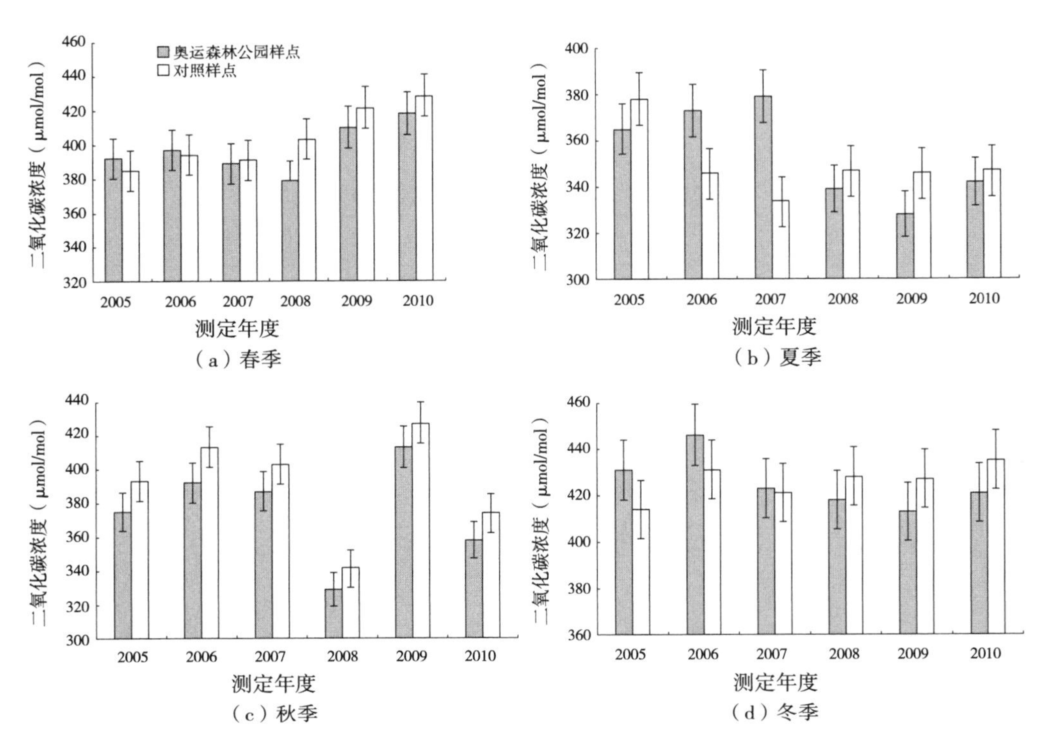

图 2–8 公园绿地不同季节二氧化碳浓度

公园绿地不同季节二氧化碳浓度方差分析　　表 2–4

	平方和（*SS*）	自由度（*df*）	均方（*MS*）	均方比（*F*）	显著性（$F_{0.05}$）
组间（季节）	19090.964	3	6363.655	18.384	0.000
组内	8307.714	24	346.155		
总计	27398.679	27			

2.2.3 公园绿地二氧化碳浓度年度变化特征

图 2–9 所示为奥运森林公园样点 2009 年 6 月至 2010 年 5 月的二氧化碳浓度，年度内的月均二氧化碳浓度差异较大，同时二氧化碳浓度的季节差异性也较显著（表 2–5）。

首先，公园样点的月均二氧化碳浓度均低于对照样点，但在不同的月份公园样点与对照样点间却有不同的浓度差值，5 月、6 月和 9 月两者浓度差距较大而 12 月、1 月和 2 月两者浓度差距相对较小。其次，公园样点在测定时间段内的二氧化碳浓度基本变化趋势为先下降后升高然后再次下降，其浓度变化幅度近 100μmol/mol，对照样点呈现出与公园样点基本相同的变化特征，其浓度变化幅度为 94 μmol/mol。另外，在测定时间内，数据呈现的二氧化碳浓度的季节性变化特征也比较明显。6—8 月是北京的夏季，奥运森林公园内的二氧化碳平均浓度（340μmol/mol）也是 4 个季节中最低的，9—11 月是北京的秋季，其二氧化碳平均浓度（380μmol/mol）高于夏季而与冬季浓度相近（12 月—次年 2 月，380μmol/mol）并低于春季（3—5 月，408μmol/mol）。

对照样点的冬季二氧化碳浓度最高（431μmol/mol），其次是春季（427μmol/mol）和秋季（395μmol/mol），夏季的二氧化碳浓度最低（364μmol/mol）。

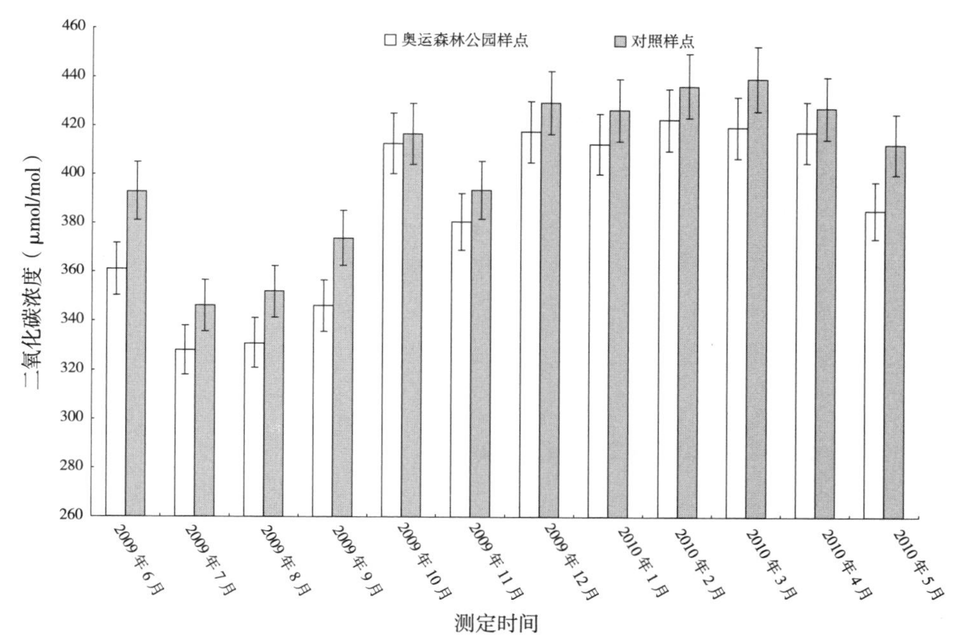

图 2-9 公园绿地 2009 年 6 月—2010 年 5 月月均二氧化碳浓度

公园绿地 2009 年 6 月—2010 年 5 月不同季节二氧化碳浓度方差分析　　表 2-5

	平方和（*SS*）	自由度（*df*）	均方（*MS*）	均方比（*F*）	显著性（$F_{0.05}$）
组间（季节）	10977	3	3659	7.933	0.009
组内	3690	8	461.25		
总计	14667	11			

图 2-10 所示为奥运森林公园绿地样点及对照样点 2005—2010 年（其中 2005 年为建设前期，2006—2007 年为建设过程，2008—2010 年为建成使用阶段）的二氧化碳浓度。在公园绿地建设前期，公园绿地样点与对照样点的二氧化碳浓度并无显著差别；在建设过程中对照样点二氧化碳浓度低于公园绿地样点；在公园

绿地建成使用后，公园绿地样点的二氧化碳浓度开始显著低于对照样点。2005—2010 年，公园绿地样点及对照样点二氧化碳浓度以 2008 年数据为界，总体上呈现先下降而后升高的特点。二氧化碳浓度测定的 6 年数据中，其浓度在 2006 年为测定年度最高值，而 2008 年则出现测定年度最低值，2009 年和 2010 年二氧化碳浓度较 2008 年略有升高。

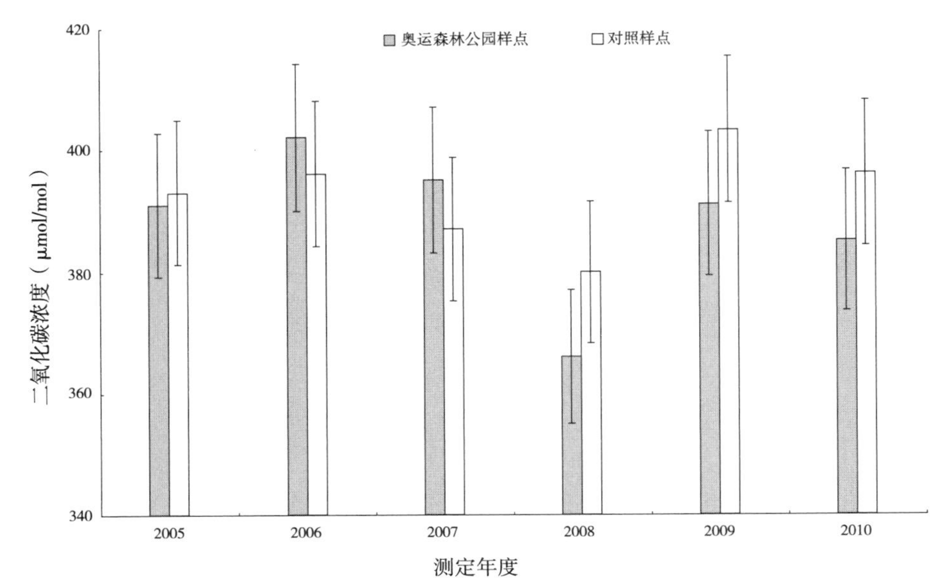

图 2-10 公园绿地 2005—2010 年度二氧化碳浓度

2.2.4 公园绿地二氧化碳浓度与公园绿地植物群落结构及类型

本研究将植物群落结构划分为：乔灌草型植物群落（Tree-Shrub-Grass，TSG）、乔灌型植物群落（Tree-Shrub，TS）、乔草型植物群落（Tree-Grass，TG）、灌草型植物群落（Shrub-Grass，SG）、乔木型植物群落（Tree，T）、灌木型植物群落（Shrub，S）、地被 / 草坪型植物群落（Grass/Ground Cover， G）7 种，其中，乔灌草型植物群落为复层结构植物群落（Multi-layer Plant Community，MPC），乔灌型、乔草型、灌草型为双层结构植物群落（Double-layer Plant Community，DPC），乔木型植物群落、灌木型植物群落、地被 / 草坪型植物群落为单层结构植物群落（Single-layer Plant Community，SPC）。

2.2.4.1 公园绿地植物群落结构与二氧化碳浓度空间分异

图 2-11 所示数据分析结果为奥运森林公园绿地不同植物群落结构区域的二氧化碳浓度，图 2-12 为不同植物群落组成区域二氧化碳浓度。数据表明，在公园绿地所有植物群落结构中，乔灌草复层结构植物群落区域具有最低的二氧化碳浓度（332μmol/mol），而单层结构植物群落区域的二氧化碳浓度最高（350μmol/mol）（图 2-11）。在 3 种双层结构植物群落中，乔草型植物群落区域的二氧化碳浓度最低（332 μmol/mol），而灌草型植物群落区域的二氧化碳浓度最高（346μmol/mol）。在 3 种单层结构植物群落中，乔木型植物群落区域的二氧化碳浓度最低（338μmol/mol），而灌木型植物群落区域的二氧化碳浓度最高（360μmol/mol）（图 2-12）。乔灌草复层结构植物群落区域的二氧化碳浓度最低的原因是 3 个层次的绿色植物相对于其他层级结构形式具有最大的植物群落三维绿量（叶面积指数），对光能的利用也能够达到最充分的状态，继而具有较高的固碳效率。但在后续研究中仍然需要进一步明确的是，乔灌草复层结构植物群落（或乔草双层结构植物群落）的不同层次对于生活条件（光照、水分等）具有不同的分配比例，例如乔木层的郁闭度为何种数量值的状态下才有利于或者不影响其下层的灌木层的生长，而灌木层的覆盖度为何种数量值的状态下不影响其下方的草本层及地被层植物的生长（即复层结构植物群落中处于上层结构的植物冠层郁闭度管理及控制）。

由表 2-6 的方差分析可知，不同植物群落结构组成区域间的二氧化碳浓度差异显著。

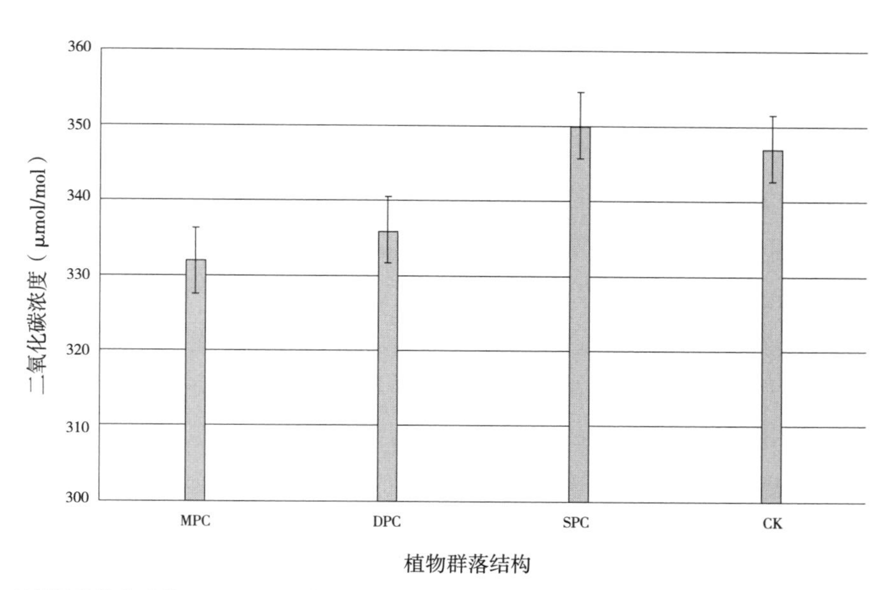

MPC—复层结构植物群落；DPC—双层结构植物群落；SPC—单层结构植物群落；CK—对照（铺装地）

图 2-11 公园绿地不同植物群落结构区域的二氧化碳浓度

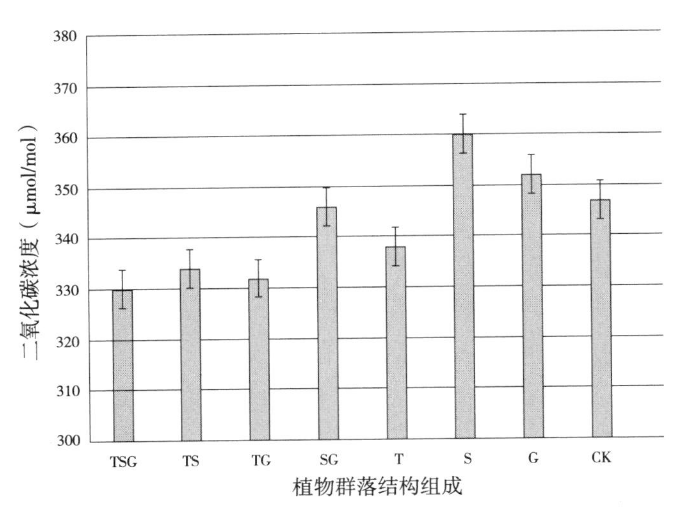

TSG—乔灌草型植物群落；TS—乔灌型植物群落；TG—乔草型植物群落；SG—灌草型植物群落；T—乔木型植物群落；S—灌木型植物群落；G—地被 / 草坪型植物群落；CK— 对照（铺装地）

图 2-12 公园绿地不同植物群落结构组成区域的二氧化碳浓度

公园绿地植物群落结构间的二氧化碳浓度方差分析 **表 2-6**

	平方和（*SS*）	自由度（*df*）	均方（*MS*）	均方比（*F*）	显著性（$F_{0.05}$）
组间	774.889	2	387.444	6.629	0.030
组内	350.667	6	58.444		
总计	1125.556	8			

2.2.4.2 公园绿地植物群落类型与二氧化碳浓度空间分异

本研究将植物群落类型划分为：针叶林型植物群落（Coniferous Plant Community，CP）、针阔叶混交型植物群落（Coniferous and Broadleaved mixed Plant Community，CBP）、落叶阔叶林型植物群落（Deciduous Broadleaf Plant Community，DBP）、灌木型植物群落（Shrub，S）、地被 / 草坪型植物群落（Grass/ Ground Cover，G）5 种。

图 2-13 所示数据结果为奥运森林公园绿地不同植物群落类型区域的二氧化碳浓度。数据表明，落叶阔叶林型植物群落区域和针阔叶混交型植物群落区域具有较低的二氧化碳浓度（331μmol/mol 和 330μmol/mol），而草坪 / 地被型植物群落区域具有较高的二氧化碳浓度（352μmol/mol）。另外，奥运森林公园绿地的 5 种植物群落类型中，灌丛型以及草坪 / 地被型植物群落区域的二氧化碳浓度高于对照样点。落叶阔叶林型和针阔叶混交型植物群落是北京地区的乡土植物群落类型，由乡土植物种类构成的乡土植被无疑对北京地区的光照和水分条件具有较好的适应性，相应地也具有较高的光合效率，所以试验结果中，奥运森林公园绿地的这

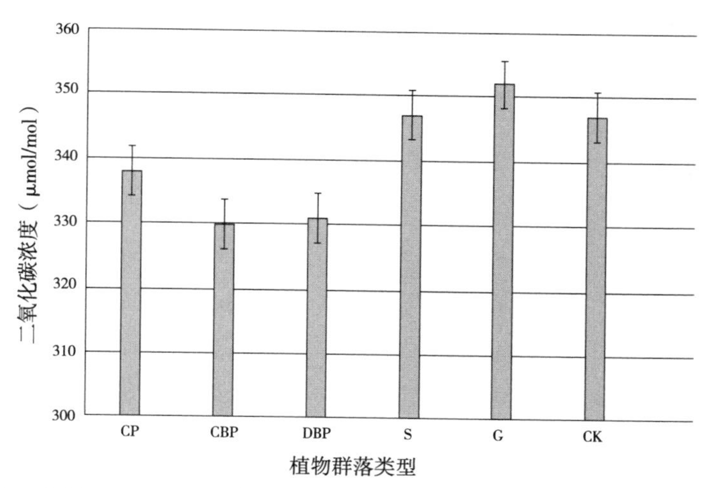

CP—针叶林型植物群落；CBP—针阔叶混交型植物群落；DBP—落叶阔叶林型植物群落；S—灌木型植物群落；G—地被/草坪型植物群落；CK—对照（铺装地）

图 2-13 公园绿地不同植物群落类型二氧化碳浓度

两种植物群落类型区域具有最低的二氧化碳浓度。

表2-7所示为公园绿地不同植物群落类型间的二氧化碳浓度差异显著性分析。数据表明，不同群落类型间的浓度差异性不显著（0.484）。

公园绿地植物群落类型二氧化碳浓度方差分析 表 2-7

	平方和（*SS*）	自由度（*df*）	均方（*MS*）	均方比（*F*）	显著性（$F_{0.05}$）
组间	407.889	3	135.963	0.947	0.484
组内	717.667	5	143.533		
总计	1125.556	8			

2.3 结论与讨论

2.3.1 公园绿地二氧化碳浓度日变化及梯度变化特征

二氧化碳在植物生长季节的浓度变化特征说明了其与城市绿地植被的密切联系和相互作用，与此同时，其变化趋势也同时能够说明绿色植被对于环境二氧化碳浓度的作用特点。绿色植被在昼间的光合作用能够消耗环境中的二氧化碳而使其浓度降低，且植被的光合作用强度和效率能够随着光合有效辐射的逐渐增强而同步提高。与此同时，植物群落间因为蒸腾作用释放出的水气而使群落内部与外部之间存在温度差别，从而促进空气在水平方向和垂直方向的林冠间的机械湍流作用，在此作用下，植物夜间因为呼吸作用而积累的二氧化碳得以迅速扩散，这就是 08:00—11:00 的二氧化碳浓度迅速降低的原因，这与国内外一些学者的研究结果相同。植物群落空间结构合理、植物种类选择及配植合理而生长旺盛，植物就能够充分和高效地利用光能，则其对二氧化碳浓度的消减速度影响就越大，所以奥运森林公园绿地核心区样点二氧化碳浓度降低速度和幅度高于边缘区样点，更高于对照样点，使整个森林公园区域二氧化碳浓度呈现梯度变化特征。

对照样点的环境基本特征代表一般城市环境，虽然城市环境中的植被能够进行光合作用吸收二氧化碳，其区域内的高浓度二氧化碳也可以通过多种作用扩散，但是因为城市环境里也有较多的人为（含人、车）影响，造成了以二氧化碳浓度降低为代表的植被生态作用不明显或者被抵消，具体表现为其二氧化碳浓度在测定时间内的消减速度和幅度持续偏低，故而其日平均浓度高于奥运森林公园绿地样点。

11:00—13:00，随着光合有效辐射的增强，植被的光合作用强度也逐渐趋于最大值，而此时植被的呼吸作用也增强到了最大值，呼吸作用产生的二氧化碳与光合作用消耗的二氧化碳在数量上相差不大，故而此时的样点二氧化碳浓度呈现出较低浓度浮动的特征。另外，如果夏季的光照强度持续增大而植物的光合作用原料之一（如水）相对缺乏，植物本身的防御机制就会被启动，如叶片气孔关闭、林木冠层叶片萎蔫等，这种作用也同时阻碍了光合作用的进一步增强，而此时植物的呼吸作用仍在进行，两种作用下，植物成为二氧化碳的释放源。所以，在较极端（如高温）的情况下，植物生长季正午时分的二氧化碳浓度也许会出现增高的现象。

13:00—17:00 的二氧化碳浓度先降低而后升高，同时在 14:00—15:00 出现二氧化碳浓度在测定时间内的最低值，原因在于此时温度适宜、光照强度和光质构成适当，植被的光合效率也因此达到最高。在植物生长季的 15:30 以后，光合有效辐射强度迅速降低或光质构成发生变化而不利于植物进行光合作用，另外，此时植物周边空气温度较高而干燥，植物的光合作用受到了一定的抑制，所以二氧化碳浓度得以迅速升高。

非植物生长季的二氧化碳浓度变化特征与植物生长季类似而最低浓度却要较植物生长季节提前，原因在于非植物生长季的二氧化碳最低浓度出现时间与日最高温度出现时间相一致，适宜的光照和温度也有利于冬季的常绿植被进行光合作用，而此时的光合作用亦可以在一定程度上减少环境中的二氧化碳浓度。

夜间是二氧化碳积累的主要时段，其主要来源于植被和土壤的呼吸作用。根据已有研究成果，在以森林和草原为代表的自然地域，由于夜间土壤和植被的呼吸作用逐渐增强，环境二氧化碳浓度逐渐增加，直到日出前后的04:00—05:00环境二氧化碳浓度达到一天中的最高值，而昼间植被的光合作用能够使环境二氧化碳浓度降低，在呼吸作用与光合作用的共同影响下，环境中二氧化碳浓度在较长的一段时间内维持一种动态的平衡。如果在此过程中植被光合等二氧化碳消减作用较少而人为影响等二氧化碳增加作用较多，二氧化碳浓度的这种平衡被打破，就会导致环境中二氧化碳浓度持续增加，这也就是目前全球大气中二氧化碳浓度较高并持续增加的原因之一。相关研究已经发现了特定植物（如农作物）和特殊群落类型（如森林）在生活期内的固碳释氧效率和总量。城市绿地植物不同于自然地域生长的植物，而现有的模型方法对于研究城市植被异常复杂的碳排放与碳固定机理，其作用是有限的，所以，深入开展城市植被的固碳效率和数量的研究对于城市绿地的建设和管理是大有裨益的。

奥运森林公园内不同区域范围内的环境二氧化碳浓度梯度特征也是上述消减和增加作用的具体体现。公园核心区样点植被郁闭度均在50%以上，局部样点更是达到90%，群落类型多以乔灌草的复层结构为主。另外调研发现，公园核心区乔木主要是保留的原洼里公园的成年树木，冠大荫浓且生命力强健，因此具有较高的生态效应。边缘区样点植被郁闭度不足50%，植物体量较小或邻近道路，有较多的人为（城市主路）影响，造成环境二氧化碳浓度持续偏高。而过渡区样点的情况居于前两者之间，所以试验数据所示的梯度变化特征能够如此明显。

非植物生长季与植物生长季在二氧化碳平均浓度方面的巨大差异，很大程度上是因为植被和人为因素的复合影响造成的。北京是典型的北方城市，冬季缺少绿色植被，而采暖等措施也加剧了城市环境中二氧化碳的排放。较少的常绿植物能够在非植物生长季进行光合作用，昼间较多的空气流动也促进了植物群落间及更大尺度地域间的二氧化碳的扩散和流动。以上因素可能是奥运森林公园非植物生长季的环境二氧化碳平均浓度偏高并且其变化特征与植物生长季相类似的原因。

2.3.2 公园绿地二氧化碳浓度季节变化特征

公园绿地二氧化碳浓度表现的季节变化特征同时受到“碳源”和“碳汇”

的效率差异及相互作用影响。在城市区域，“碳源”主要来自于居民生产生活过程和生态系统本身的排放，“碳汇”主要是绿色植被的光合作用。贯穿公园建设过程的二氧化碳浓度测定数据在不同季节呈现出不同的变化特征，是“碳源”和“碳汇”相互作用关系的具体体现。2005—2010 年，4 个季节的测定年度变化只有春季呈现较显著的二氧化碳浓度增加趋势，其他季节均出现较为明显的浮动情形（图 2–7）。4 个季节的二氧化碳浓度测定数据变化趋势总体上并不一致，但有一点是共同的，那就是公园绿地样点二氧化碳浓度在 2008 年之前高于对照样点，而在 2008 年之后则全部低于对照样点，而对照样点的状况代表了一般城市环境。上述现象出现的原因在于，无论何种群落类型，其生长过程中的固碳释氧能够对局部大气环境的二氧化碳浓度产生影响，尤其对其群落周边的区域环境，正是这一原因造成公园样点与对照样点在 2008 年前后出现比较显著的变化。此前，王长科等（2003）在对北京市域 1992—1999 年的二氧化碳浓度进行测定研究时（采样点位于北四环中路与北三环中路之间），也分析了植被的季节性影响。另外，笔者于 2008 年 9 月对奥运森林公园不同植物群落区域的二氧化碳浓度进行测定时发现，奥运森林公园内具有较高植被覆盖率和丰富的植被层次的区域二氧化碳浓度相对较低，并与植被覆盖率较低的对照样点相比呈现不同的变化特征。尹起范等（2009）在对淮安市域范围内的二氧化碳浓度进行研究时，也肯定了植被的作用。

当前大气二氧化碳浓度的居高不下已经引起了很多的关注。大气二氧化碳浓度的影响因素有很多种，在人类能够控制的层面上来讲有两种方式——“减排”与“固碳”。但是，经济的发展需求、人们生活质量提高的迫切愿望与“减排”之间存在较大的矛盾，所以人们应在竭尽所能“减排”的同时更加关注“固碳”。全球的森林生态系统是高效率的“碳汇”之一，人们在呼吁森林保护的同时也应关注城乡区域的绿色植被的建设。而依照自然模式建立的城市绿地，其固碳效益要远远高于一般的城市绿地，也只有如此才能实现人们保护环境、改善环境的初衷。

2.3.3 公园绿地二氧化碳浓度年度变化特征

在奥运森林公园的建设前期的 2005 年，公园样点与对照样点的二氧化碳浓度并无显著差别，缘于此时公园未建，而公园用地环境（原洼里村）与对照样点环境类似。在奥运森林公园建设过程中的 2006—2007 年，公园样点因为施工人流及车流较大、植物未恢复生长等原因造成二氧化碳浓度较对照样点高。以 2008 年为界，建成后的奥运森林公园区域二氧化碳浓度显著低于代表城市一般环境的对照样点，此数据变化能够表明公园植被降低了公园区域内的二氧化碳浓度，也因此而在一定程度上提高了其空气质量。但是，可以发现自 2008 年之后，园区的二氧化碳浓度呈现出较明显的增加趋势（但其平均浓度还是低于代表城市环境二氧化碳浓度的对照样点），这可能缘于城市环境中的二氧化碳浓度升高，也可能是试验误差使然，其具体原因尚待多年的持续观测予以证实或多学科的合作研究予以探究。

二氧化碳浓度 2009—2010 年度变化特征不仅仅通过公园样点与对照样点的对比阐明了公园植被生态效益的作用，而且多个季节的二氧化碳浓度变化也在另一个方面肯定了植被的影响。植物生长季与非生长季的二氧化碳平均浓度差别（80μmol/mol）和月间变化幅度（100μmol/mol）实际上主要原因就是植被的光合作用效率和不同季节的生长状态。毋庸置疑，北京的夏季对于植被来讲具有良好的水热条件，因而其生长势最强，光合效率也就相应最高，因而其生态效益也能发挥到最大。二氧化碳浓度在 2008 年夏季表现出一个较低浓度值（379μmol/mol）可能与北京奥运会期间机动车限行和整体空气质量提高有关。北京地区冬季寒冷干燥，作为其地区典型群落类型——落叶阔叶林型群落季节性休眠，而常绿针叶林型群落在这一时期是否继续发挥其生态效益尚待通过实验来验证，也许正是这两个原因造成了公园和对照样点具有较高的二氧化碳浓度（因为季节性采暖燃烧化石燃料也可能提高了较小区域内的环境二氧化碳浓度）。蒋高明等（1998）在对城市区（北京香山中国科学院植物研究所植物园）和山地森林区（北京市门头沟区小龙门林场）的夏秋季大气二氧化碳浓度动态变化进行研究时也有类似结论。

2.3.4 公园绿地植物群落结构与二氧化碳浓度空间分异

绿色植物的固碳功效（光合效率）与其本身生物学特征具有最为紧密的相关性。生物学特征包括叶片年龄和叶面积指数等因素。一般情况下，幼叶因呼吸作用旺盛所以净光合效率低，而成熟叶净光合效率最高；光照强度适当条件下，单株植物的叶面积指数（三维绿量）越大则光能转化效率越高（“碳汇”效率高）。

本研究试验时间选择盛夏之后初秋之前，该时间就植物的年度生长发育过程来说，叶片光合效率最高，即“净同化率”最高。城市绿地不同于自然地域的森林，不同植物间的组合方式（垂直及水平结构）即植物群落结构不仅仅影响到植物景观，也是影响植物群落光能利用效率的重要因素（这一因素对于城市绿地植物的“碳汇”效率至关重要）。奥运森林公园绿地内不同植物种类对于光照和水分的要求不同，以自然状态下植物层次结构分布为参照建立的人工植物群落（即“师法自然”）能够充分满足植物对光照和水分的需求，但这一效率值得持续关注。本研究在进行过程中，虽然在进行二氧化碳浓度监测的同时，持续记录植物群落的生物信息，但相关的定量化数据还需要进一步研究。在保证植物能够充分生长的条件下，实现固碳效益最大化的园林植物群落模式构建是本研究后续要探讨的问题之一。

2.3.5 公园绿地植物群落类型与二氧化碳浓度空间分异

农业和林业生产领域经常运用不同农作物及树种间种、套种的方式来促进农作物或林木的生长发育，具体体现为：间种的种植方式条件下，植物对地面上、下的生长条件（地上的光照以及地下的水分和有机、无机土壤养分）利用更加充分，单位时间生长量通常要高于单一物种种植的方式。虽然植物间的相互作用关系仍然需要进一步研究，但这种配植方式和群落类型构建方式无疑将有利于构建高效率的城市公园绿地园林植物群落模式。

城市绿地内不同园林植物品种间关系的研究及相关的机制阐释无疑将有利于园林植物群落模式的建立。植物间的互惠共生或相互抑制的关系是林学或生态学领域的研究课题，但是这些基础研究成果对于园林植物的应用是大有裨益的，科学的城市绿地园林植物应用要深入了解和熟练掌握这些植物本身和植物间的生理生态过程，使其服务于人类健康和城市环境改善，进一步直接及间接服务于“碳中和”愿景的实现。公园绿地区域的二氧化碳浓度影响因素很多，例如不同尺度和强度的大气环流以及公园绿地下垫面的状况等（土壤的物理化学性质）。后续试验及研究中，可以通过昼夜全时段采样（目前仅为08:00—17:00）、增加典型区域样点数量和增加季节采样次数的办法使数据本身更具时空代表性，从而协同构建试验样点二氧化碳浓度数据监测过程与植物群落的动态生长模型，并结合实测及控制性试验方法实现城市绿地碳汇量精确计算。此举将更加有利于实现城市绿地的生态效益评价。长期连续监测得到的大量数据和研究资料可以为定量化评价城市绿地的固碳释氧效益及构建低碳城市提供科学、详实的第一手资料。

2.4 小结

本章实测了奥运森林公园2005—2010年贯穿公园建设过程的二氧化碳浓度日、季节和年度变化数据，还对公园绿地不同植物群落结构和类型区域的二氧化碳浓度进行了差异显著性分析，并通过奥运森林公园绿地与代表公园外围城市环境的对照样点的二氧化碳浓度数据的对比分析，定量研究了在公园植被的影响下公园区域二氧化碳浓度的日变化、季节变化以及年度变化特征。植被本身的结构和类型能够影响其固碳效益。植被与其他影响因素一起影响了绿地内二氧化碳浓度的梯度变化特征。

植物的光合作用等生理过程对其周边环境二氧化碳浓度影响显著，同时植物光合作用的动态变化过程也决定了其周边二氧化碳浓度具有显著的动态变化。绿色植被的季节性生理生态过程会影响其周边环境的二氧化碳浓度，人类活动也能够在较短的时间内明显提升环境二氧化碳浓度，植被在改善和提升城市环境过程中具有显著作用。贯穿公园绿地建设过程的二氧化碳浓度测定在一定程度上能够反映绿地在改善环境质量、促进人体健康等方面的显著作用。公园绿地建设前期二氧化碳测定的持续时间较短，可能对绿地固碳效益的评价有所影响，在综合评价公园绿地的固碳效益时，长年的持续观测是非常必要的。

园林植物群落能够影响植物个体固碳效益的发挥。另外，由试验结果可知，单位绿地面积的绿量大小对于实现绿地功能影响较为显著。适宜的植物群落结构及兼具科学性、艺术性的植物群落模式构建对于实现绿地的固碳效益和环境美化功能意义重大。

园林植物群落的类型能够影响植物群落整体及植物个体的生长发育状态，进而影响其二氧化碳吸收效益。乡土的群落类型较其他群落类型具有更加显著的二氧化碳吸收效益。稳定、高效的群落类型构建是实现园林植物生态效益的基础，而富于美感和生机的植物群落模式才能实现绿地固碳的功能。

另外，研究中也发现，公园绿地区域的二氧化碳浓度影响因素颇多，例如天气尺度的大气环流和公园下垫面的状况等因素，以及数据收集和整理过程中的试验误差，都可能影响最终的试验结论。在后续试验中，可以通过增加典型区域样点和增加季节采样次数的办法使数据本身的时空代表性更强。另外，在城市区域其他地区设置对照样点来获取城市的二氧化碳浓度本底值，以及在奥运森林公园内适当地点建立长期的定位观测点自动获取数据对人工数据进行修正和检验，将使试验结果更加具有科学性。

在今后的研究中，应该结合绿地的动态变化和植被的生长模型进行长期的数据积累，构建城市绿地二氧化碳吸收能力动态模型并进行空间格局分析，此举将更加有利于实现城市绿地的生态效益评价。

针对奥运森林公园的、贯穿于其建设过程的二氧化碳浓度的长期连续观测，有助于分析和综合评价绿地生态系统的光合作用动态变化，大量的数据积累和研究资料为日后定量化评价城市绿地的固碳释氧效益提供了科学、详实的第一手资料。

第3章 公园绿地空气负离子效益研究

3.1 空气负离子评价方法研究

3.1.1 空气负离子评价方法及标准

3.1.1.1 空气负离子评价方法

目前国内外较通用的是日本学者安倍等（1980）提出和发展的单极性系数及空气质量指数评价法。

$$q=n^+/n^-,\ CI=n^-/(1000\times q) \quad (3\text{–}1)$$

式中：q 为单极性系数；n^+、n^- 为空气正负离子浓度；CI 为空气质量评价指数；1000 个 $/cm^3$ 为人体生物学效应最低空气负离子浓度。

另外，国内学者石强等（2004）依据德国学者的空气离子相对模型和日本学者安倍等（1980）的空气质量指数评价法，提出了空气负离子系数及森林空气离子指数评价法。

$$p=n^-/(n^-+n^+),\ FCI=n^-/(1000\times p) \quad (3\text{–}2)$$

式中：p 为空气负离子系数；n^+、n^- 为空气正负离子浓度；FCI 为森林空气离子评价指数；1000 个 $/cm^3$ 为人体生物学效应最低空气负离子浓度。

3.1.1.2 空气负离子评议及分级标准

表 3–1 为钟林生等（1998）根据日本学者安倍（1980）的评价模型建立的安倍空气质量评议标准。表 3–2、表 3–3 为石强等（2004）提出的森林空气离子评价指数及分级标准。

空气质量评议标准　　表 3-1

空气清洁等级	空气质量评价指数（CI）
最清洁（A）	≥ 1.00
清洁（B）	0.70~1.00

续表

空气清洁等级	空气质量评价指数（*CI*）
中等（C）	0.50~0.69
允许（D）	0.30~0.49
轻污染（E_1）	0.20~0.29
中污染（E_2）	0.10~0.19
重污染（E_3）	≤ 0.10

森林空气离子评价指数与分级标准　　表 3-2

等级	空气负离子浓度（n^-，个 /cm³）	空气正离子浓度（n^+，个 /cm³）	空气负离子系数（*p*）	森林空气离子评价指数（*FCI*）
Ⅰ	≥ 3000	300	0.8	2.4
Ⅱ	2000	500	0.7	1.4
Ⅲ	1500	700	0.6	0.9
Ⅳ	1000	900	0.5	0.5
Ⅴ	≤ 400	1200	0.4	0.16

城市绿地空气负离子评价指数与分级标准　　表 3-3

等级	空气负离子浓度（n^-，个 /cm³）	森林空气离子评价指数（*FCI*）	空气质量
Ⅰ	>3000	>2.5	优
Ⅱ	2000~3000	2.5~1.5	良
Ⅲ	1000~2000	1.5~0.5	中
Ⅳ	<1000	<0.5	差

3.1.2 空气负离子浓度及评价

表 3–4 为相同空气负离子浓度情况下两种评价指数的评价结果和数量变化关系。对照样点空气负离子浓度值低于多数样点，空气正离子浓度高于空气负离子浓度近 3 倍。奥运森林公园内 12 个样点的空气负离子浓度高于空气正离子浓度，不同样点间的空气正、负离子浓度差值较大。其中，7 个样点空气负离子浓度大于等于 3000 个 /cm³，4 个样点的空气负离子浓度为 2000~3000 个 /cm³（含 2000 个 /cm³），2 个样点的空气负离子浓度为 1000~2000 个 /cm³（含 1000 个 /cm³），低于 1000 个 /cm³ 的空气负离子样点有 4 个。

公园绿地样点信息与评价　表 3-4

样点	离子浓度（个/cm^3）		评价指数 1			评价指数 2			
	空气负离子	空气正离子	单极系数（q）	空气质量评价指数（CI）	空气清洁度评价	空气负离子系数（p）	评价	森林空气离子评价指数（FCI）	评价
CK	1800	5200	2.9	0.6	C	0.3	Ⅴ	6.9	Ⅰ
A	1400	3000	2.1	0.7	B	0.3	Ⅴ	4.4	Ⅰ
B	320	200	0.6	0.5	C	0.6	Ⅲ	0.5	Ⅳ
C	3200	1200	0.4	8.0	A	0.7	Ⅱ	4.4	Ⅰ
D	2900	900	0.3	9.7	A	0.8	Ⅰ	3.8	Ⅰ
E	300	350	1.2	0.3	D	0.5	Ⅳ	0.7	Ⅱ
F	2000	700	0.4	5.0	A	0.7	Ⅱ	2.7	Ⅰ
G	4200	2820	0.7	6.0	A	0.6	Ⅲ	7.0	Ⅰ
H	300	280	0.9	0.3	D	0.5	Ⅳ	0.6	Ⅳ
I	460	400	0.9	0.6	C	0.5	Ⅳ	0.9	Ⅲ
J	9500	610	0.1	95.0	A	0.9	Ⅰ	10.1	Ⅰ
K	6000	6500	1.1	5.5	A	0.5	Ⅳ	12.5	Ⅰ
L	3000	7000	2.3	1.3	A	0.3	Ⅴ	10.0	Ⅰ
M	1200	2800	2.3	0.5	C	0.3	Ⅴ	4.0	Ⅰ
N	2200	1800	0.8	2.8	A	0.6	Ⅲ	4.0	Ⅰ
O	4100	4000	1.0	4.1	A	0.5	Ⅳ	8.0	Ⅰ
P	8000	2400	0.3	26.6	A	0.8	Ⅰ	10.4	Ⅰ
Q	2100	1200	0.6	3.5	A	0.6	Ⅲ	3.3	Ⅰ

注：表中的评价指数 1 为表 3-2 所示森林空气离子评价指数与分级标准；评价指数 2 为表 3-3 所示城市绿地空气负离子评价指数与分级标准。

3.1.2.1 单极系数（q）与空气质量评价指数（CI）

在评价指数 1 的条件下，奥运森林公园内部样点单级系数 q 的变化范围为 0.1~2.3，相差达 23 倍，且 q 值的大小与空气负离子浓度值呈现负相关的关系，即 q 值越大，则空气负离子浓度越低或者空气正、负离子浓度的差值越大。在空气负离子浓度高于空气正离子浓度的 12 个样点中，q 值主要介于 0.1~0.9，其变化幅度达 9 倍，而 q 值的大小并不能直观反映空气负离子浓度的大小（例如 C、F 和 E、

K 样点）。表 3–4 所示，空气质量评价指数 *CI* 值的变化范围为 0.3~95，变化幅度达 317 倍，其变化趋势与空气负离子浓度呈现正相关的关系。空气负离子浓度相同或相近的样点，受空气正离子浓度差异影响而 *CI* 值变化较大（例如 D、L 和 F、N 样点）。与此同时，*CI* 值相同或相近的样点空气负离子浓度却差异较大（例如 F、G 和 L、M 样点）。依据表 3–4 所示的空气清洁度评价标准，A 级清洁度样点 11 个、B 级清洁度样点 1 个、C 级清洁度样点 3 个、D 级清洁度样点 2 个。对照样点为 C 级清洁度。13 个样点的空气负离子浓度大于效应值 1000 个 /cm^3。

由表 3–5 可以看出，空气负离子浓度与 *q* 值和 *CI* 值之间的相关关系，3 个相关系数的分析表明了其结果的一致性，且空气负离子浓度与 *CI* 值之间的关系均为“显著”。该评价模型并未包含空气正离子浓度影响，由分析结果可以得知，空气正离子浓度与 *q* 值的关系是显著的正相关，而空气正离子浓度与 *CI* 值之间并未表现出明显的相关性。

空气离子浓度与单极系数（*q*）及空气质量评价指数（*CI*）之间的相关关系　　表 3-5

系数	空气负离子浓度与 *q* 值	空气负离子浓度与 *CI* 值	空气正离子浓度与 *q* 值	空气正离子浓度与 *CI* 值
R	–0.420	0.907**	0.508*	0.232
T	–0.287	0.755**	0.367*	0.113
P	–0.377	0.779**	0.634**	–0.191

注：* 表示置信度为 0.05 时，相关性是显著的；** 表示置信度为 0.01 时，相关性是显著的。*R* 值代表两个等级变量之间的斯皮尔曼秩相关系数，*T* 值代表两个等级变量间的肯德尔秩相关系数，*P* 值代表两个连续性变量之间的皮尔逊相关系数。

3.1.2.2 空气负离子系数（*p*）与森林空气离子评价指数（*FCI*）

在评价指数 2 的条件下，对照样点与样点的 *p* 值变化范围为 0.3~0.9，相差仅 3 倍。*p* 值与空气负离子浓度呈正相关，其数值变化也能够反映样点间空气负离子的变化和浓度差别。个别样点（例如 C、F 和 L、M）虽 *p* 值相同，空气负离子浓度都在 1000 这个生物学效应值之上而有所差别。由表 3–6 可知，空气负离子浓度低于 1000 个 /cm^3 的样点，其 *FCI* 值小于 1。与此同时，若样点间空气负离子浓度数值存在差别和倍数关系，样点 *FCI* 值之间也存在相应的差别和倍数关系。依据表 3–4 所示的评价标准，空气负离子浓度在 3000 个 /cm^3（含）以上的样点有 7 个，浓度在 2000~3000 个 /cm^3（含 2000 个 /cm^3）的有 4 个，浓度在 1000~1500 个 /cm^3（含 1000 个 /cm^3）的有 2 个，浓度在 400~1000 个 /cm^3（含 400 个 /cm^3）的有 1 个，浓度低于 400 个 /cm^3 的样点有 3 个。*p* 值大于 0.8（含 0.8）的样点有 3 个，介于 0.7~0.8

（含 0.7）的 2 个，0.6~0.7（含 0.6）的 4 个，0.5~0.6（含 0.5）的 5 个，低于 0.4 的 3 个。*FCI* 值在 2.4 以上的样点有 13 个，0.5~0.9（含 0.5 与 0.9）的样点有 4 个。对照样点的空气负离子浓度为 1800 个 /cm^3，*p* 值为 0.3，*FCI* 值为 6.9。

空气正、负离子浓度与评价系数之间的相关关系（表 3–6）表明，3 个相关性系数表现出相同的特点。因为在该评价模型构成中，考虑到了空气正、负离子浓度对评价系数的影响，所以其正、负相关性均表现为“显著”。

空气离子浓度与空气负离子系数（*p*）及森林空气离子评价指数（*FCI*）之间的相关关系　表 3-6

系数	空气负离子浓度与 *p* 值的相关性	空气负离子浓度与 *FCI* 值的相关性	空气正离子浓度与 *p* 值的相关性	空气正离子浓度与 *FCI* 值的相关性
R	0.476*	0.868**	–0.457	0.771**
T	0.350	0.700**	–0.343	0.673**
P	0.563*	0.835**	–0.555**	0.736**

注：* 表示置信度为 0.05 时，相关性是显著的；** 表示置信度为 0.01 时，相关性是显著的。*R* 值代表两个等级变量之间的斯皮尔曼秩相关系数，*T* 值代表两个等级变量间的肯德尔秩相关系数，*P* 值代表两个连续性变量之间的皮尔逊相关系数。

3.1.3 空气负离子评价体系构建

3.1.3.1 空气负离子评价模型

北京奥运森林公园内多数样点的空气负离子浓度要高于以对照样点为代表的城市生活区样点，而且奥运森林公园内多数样点的空气负离子浓度高于空气正离子浓度。与此同时，*q* 值的变化范围达 20 多倍，*CI* 值的变化范围达 300 多倍。试验中，空气负离子浓度在 3000 个 /cm^3 以上的样点占测量总样点数量的 47%，空气负离子浓度在 2000~3000 个 /cm^3 的样点占测量总样点数的 18%，空气负离子浓度低于 1000 个 /cm^3 的样点占测量总样点数的 24%。根据李安伯（1988）的研究，城市工业区和生活区的空气正、负离子浓度都较低，二者的浓度相差不大，并且空气正离子浓度比空气负离子浓度略高。在吴楚材等（2001）的研究中，森林环境中的空气正、负离子的浓度差异较大，与此同时，*q* 值的变化范围达 10000 多倍。综合上述试验结果可知，北京奥运森林公园这样的城市绿地中的空气负离子浓度及其分布特征，不同于森林环境，亦不同于城市工业区和生活区。由此可见，单极性系数 *q* 和安倍评议系数 *CI* 在对森林环境和城市绿地的空气负离子进行评价时，是存在局限性的，石强等（2004）的研究也有同样的结论。

q 值是空气正、负离子浓度的比值，当其单独构成模型来评价空气质量时，数值大小与空气负离子浓度的大小呈负相关的关系，这不符合人们通常的逻辑思维习惯（石强等，2004）。当 q 值与其他参数共同组建评价模型时，因其本身函数构成中并未考虑到空气正、负离子间的相互影响，造成 *CI* 值变化范围较大，公众理解起来也会存在误区，这无益于科学知识的普及和推广。

相比之下，石强等（2004）提出的空气负离子系数（p）及相关评价指数（*FCI*）在多个评价方面和层次上避免了上述问题。首先，在空气负离子系数 p 的函数构成中，考虑到空气正、负离子间的相互作用，使其数值能够与空气负离子浓度呈正相关的关系，而且其数值理论变化区间为 0~1.0，此变化范围更趋合理。其次，由 p 组建的评价模型中，*FCI* 也能够相对合理地反映空气负离子的差别和特点，p 值的大小和变化特征与 *FCI* 值的大小和变化特征基本保持一致，这也有利于相关研究人员的使用和公众的理解。

3.1.3.2 空气负离子评价及分级标准

根据安倍空气质量评议模型建立的空气清洁度评价标准依照空气质量评价指数 *CI* 的差异将空气质量分为 5 个清洁度，同时为了使其更加适用于对城市工业区的空气质量进行评价，将“污染”等级细化为 3 个等级，但这样的分级标准不能完全适用于城市绿地和森林环境，中国学者也有类似的研究结论（石强等，2004；孔健健等，2008）。

石强等（2004）提出的森林空气离子评价模型亦适用于城市绿地空气负离子浓度分级及评价。但在其构成系统中，指数分级标准不够准确。例如，1000 个 /cm^3 是对人体产生生物学效应最低空气负离子浓度，而在其分级标准中，却将低于 1000 个 /cm^3 的空气负离子浓度却划分为 2 个层次；其次，其分级标准的梯度不一致也不便于公众的理解和接受；另外，在其分级标准中，与空气负离子浓度同时提出的空气正离子浓度可能并不能准确地反映真实环境中的空气正、负离子浓度及其差异，故而提出的 p 值也不精确，探究空气正、负离子浓度间的关系及其相互作用还需要进一步的研究。

综上所述，针对相关指数及标准存在的问题，本书作者提出了符合城市绿地的空气负离子分级及评价指数标准。如表 3-3 所示，保留 1000 个 /cm^3 作为生物学效应的最低空气负离子浓度值，与此同时，将 1000 个 /cm^3 作为空气负离子等级梯度值，划定 4 个空气负离子浓度等级，对应 4 个空气质量级别。因为 p 值与 *FCI* 值能够共同反映空气负离子浓度的高低及具有基本相同的变化特征，故将 p 值作为中间过程数据而不作为分级评价参数，只保留 *FCI* 值作为评价指数。*FCI* 数值及等级梯度尚有待于进一步完善。

3.2 研究方法

3.2.1 样点设置

样点设置参见本书 2.1.1 节。

3.2.2 试验方法

（1）采用 DLY-5G 型双显抗潮湿空气正负离子浓度测定仪（美国）测定空气负离子浓度，操作程序及注意事项遵从仪器使用说明。

奥运森林公园样点均位于 10 m × 10 m 群落样方的中心。为排除气象因素干扰，测定时间均为晴朗、静风天气。仪器检测范围调整为 $10 \sim 1.999 \times 10^9$ 个 /cm^3，最高分辨率为 10 个 /cm^3，迁移率为 0.15 cm^2/（V・s），取样空气流速为 180 cm/s，响应时间常数约为 15 s，误差离子浓度小于 10%，迁移率小于 10%。

试验中，直接测定距地面 50 cm 处（仪器使用要求）的空气正负离子浓度，同一样点的 4 个方向分别观测，待仪器读数稳定后每个方向取 5 个具代表性的波峰值，于 08:00 — 17:00 每隔 1 小时测定 1 次，并于 3 天时间内重复试验 1 次。另外，为研究奥运森林公园的空气负离子浓度年度变化，于 2009 年 6 月至 2010 年 5 月逐月测定了公园样点的空气负离子浓度，测定时间为每月的下旬 3~4 天内，气象条件相对较一致和稳定的时期进行。

采用 TAL-2 型干湿温度计（国产）测定样点空气温度和空气相对湿度。试验中，同时使用 3 部温湿度计置于样点范围距地面约 50 cm 处，间距 2~3 m 并避免阳光直射和置于路面。待仪器读数稳定后读取，3 部温湿度计的读数取算术平均值作为样点的空气温度和相对湿度，该试验与空气负离子测定同时同步进行。

（2）上述实测试验方法受制于仪器、人员等条件，仅能够满足较少数量的绿地样点，而要进行空间格局研究，数据点的密度和数量是基本保证，因此用空间插值法丰富数据量、加大数据密度。空间插值法目前已被广泛地应用于大小尺度空间现象研究。该方法是以已测样点的微环境因子为基础数据，推求同一区域内的未知样点以及不同区域具有相同或近似植物群落属性特征的未知样点微环境因子数据的一种局部加权平均，能够将离散点的测量数据转换为连续的数据曲面，以便与其他空间现象的分布模式（例如植物）进行空间相关性研究或其他研究。图 3-1 所示为试验城市绿地样点（17 个）及空间差值子样点（约 200 个），间距为 30~50m。绿地空间插值子样点的植物特征信息及植物群落量化参数通过 GIS 软件对空间高清影像读取方式获取，后通过实地调研方式核查并修正数据，以避免同谱异物及同物异谱问题。

基于文献资料，本项目以半方差函数和 Kriging 插值法计算空间插值：

$$r(h)=\frac{1}{2N(h)}\sum_{i=1}^{n}[Z(x_i)-Z(x_i+h)]^2 \tag{3-3}$$

式中：h 为一定的间距距离；$r(h)$ 为基于距离函数的空间插值；$N(h)$ 为该范围内的观察点数；$Z(x_i)$ 为空间插值点 i 的属性值；i 为空间插值子样点；Z 为属性值；x_i 为试验样点属性值。

$$Z(x_0)=\sum_{i=1}^{n}\lambda_i Z(x_i) \tag{3-4}$$

式中：λ 为权重；$Z(x_0)$ 是估计值；$Z(x_i)$ 是已知值。

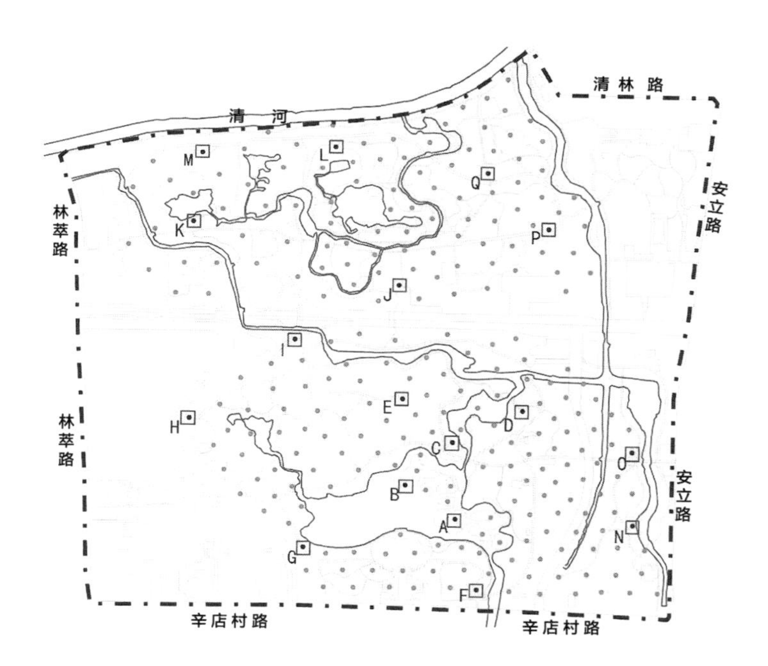

图 3-1 公园绿地空间插值子样点布局

（注：图中公园绿地中，空间插值的子样点序号为 A_1、A_2、A_3……A_n，以此类推，因图面空间所限，未在图中标出子样点序号）

3.2.3 数据分析

（1）数据编辑采用 Microsoft Excel 2003；用 Microcal Origin 6.0 软件进行统计分析和作图；用 SPSS 17.0 统计软件对试验数据进行统计分析，采用 One-Way ANOVA 进行差异显著性分析，系统默认显著性水平设为 0.05；用皮尔逊相关系数（P）分析本研究关注的生态效益因子与微气象因子、植被郁闭度、群落结构、群落类型等因素的相关性，系统默认显著性水平设为0.05。

（2）空间自相关分析（Spatial Autocorrelation Analysis）是进行空间格局研究的主要方法，它是研究空间中某位置与其相邻位置的观察值之间是否相关以及相关程度（即空间相互作用）的一种空间数据分析方法，其结果可以呈现空间模式的分布特征、时间变化的动态特征以及对未来的变化趋势进行模拟，以此可阐释导致空间分布模式及变化的潜在影响因素。

运用GIS软件矢量化前期实地调研获取的地物信息（城市绿地植物）并建立和完善其空间属性数据库，载入不同空间样点的实测微环境因子数值或空间内插值子样点的微环境因子数值后，运用程序本身的空间数据分析功能进行统计检验，以*Moran's I*指数分析数据的空间相关性、空间异质性和空间结构性（例如较高空气负离子区域的聚集度和离散度）。在本研究中，其结果能够表明实测样点的空气负离子标准化值与空间插值子样点标准化均值的相关关系。

评价指数及函数构成为：

$$I=\frac{n\sum_{i=1}^{n}\sum_{j=1}^{n}w_{ij}(x_i-\bar{x})(x_j-\bar{x})}{\sum_{i=1}^{n}\sum_{j=1}^{n}w_{ij}(x_i-\bar{x})^2}$$

式中：x_i和x_j分别代表测定因子在相邻配对空间单元的取值；x为变量的平均值、n为空间单元总数；w_{ij}为邻接权重。当空间单元i与j相邻时，取w_{ij}=1，当空间单元i和j不相邻时，取w_{ij}=0。Moran（I）指数反映的是空间邻接或空间邻近的区域单元属性值的相似程度，其取值范围为-1～1。

3.3 结果与分析

3.3.1 公园绿地空气负离子浓度日变化特征

图3-2呈现了植物生长季空气负离子浓度的日变化特征，在测定时间内（08:00—17:00）的10:00—11:00和16:00前后出现两个明显的峰值，其中，空气负离子浓度的首个峰值在数值大小和持续时间上明显要高于第二个峰值。对照样点的空气负离子浓度与公园样点呈现基本相同的变化趋势，但未出现第二次显著的峰值。另外，通过图3-2不难发现，公园绿地样点的平均空气负离子浓度要显著高于对照样点，与此同时，前者的浓度变化速率也要显著高于后者。

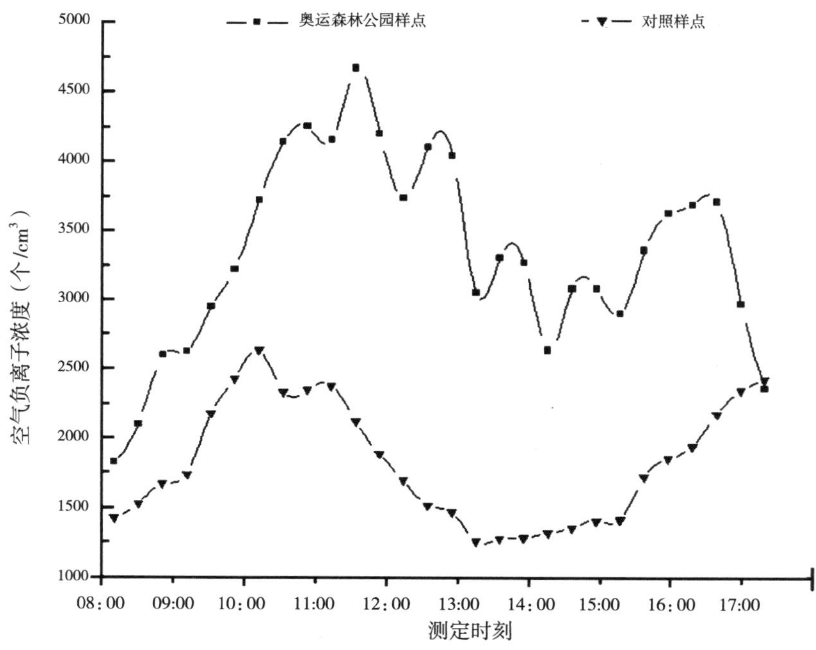

图 3-2 公园绿地空气负离子浓度日变化特征

3.3.2 公园绿地空气负离子浓度季节变化特征

表 3-7 呈现了 2005—2010 年不同季节的空气负离子浓度以及基于此指数的空气质量评价结果。不难发现，在此时间段内，公园区域的空气质量有较为明显的提升过程。2005 年，该区域空气质量以“中”为主，除局部年份冬、春季节空气质量较差外，其他季节并无明显差异。2006—2007 年，该区域空气质量整体较差，仅在植被生长季（夏、秋季）空气质量有所改善。2008 年至今，公园区域空气质量较前阶段有较大提升，植被生长季以“优”“良”为主，其他季节以“中”为主，仅在 2010 年冬季空气质量较差。

图 3-3 为测定时间内不同年度相同季节的空气负离子浓度比较。通过浓度数值对比可以看出，空气负离子平均浓度在夏季最高（2500 个 /cm^3 以上），春季最低（不足 1000 个 /cm^3），秋季（约 2100 个 /cm^3）仅次于夏季而高于冬季（1070 个 /cm^3）。测定年度内，奥运森林公园绿地春季的空气负离子浓度始终在阈值（1000 个 /cm^3）附近浮动，而对照样点平均浓度高于公园绿地区域；夏季的空气负离子浓度均高于阈值，公园绿地空气负离子浓度自 2005 年至 2008 年有所升高，在 2008 年达到一个峰值后又有下降的趋势，另外，以 2008 年为界，2008 年之前公园绿地空气负离子浓度略低于对照样点，而 2008 年之后则远高于对照样点；秋季公园绿地空气负离子浓度变化特征与夏季相似，但公园绿地区域和对照样点的

空气负离子浓度均低于夏季；公园绿地区域和对照样点的空气负离子浓度在多数年份低于阈值，仅在 2008 年、2009 年高于 1000 个 /cm³。

表 3–8 为公园不同季节空气负离子 *FCI* 值方差分析结果，可以看出，空气负离子浓度的季节差异是显著的。

公园绿地空气离子浓度测定及评价　　表 3-7

建设阶段	年度	季节	空气负离子浓度（个 /cm³）	空气正离子浓度（个 /cm³）	森林空气离子评价指数（*FCI*）	空气质量
建设前	2005	春	1010	1120	2.15	中
		夏	1970	730	2.70	中
		秋	1480	830	2.31	中
		冬	830	930	1.77	差
在建过程中	2006	春	970	960	1.94	差
		夏	2230	1730	3.98	良
		秋	1520	1170	2.67	中
		冬	960	1030	2.00	差
	2007	春	930	790	1.72	差
		夏	1910	1120	3.03	中
		秋	1880	1520	3.42	中
		冬	930	950	1.90	差
建成后	2008	春	1020	910	1.92	中
		夏	4230	2100	6.31	优
		秋	4120	1930	6.06	优
		冬	1480	1250	2.74	中
	2009	春	1010	980	1.98	中
		夏	3010	720	3.72	优
		秋	2130	1090	3.23	良
		冬	1420	990	2.41	中
	2010	春	1030	780	1.81	中
		夏	3120	1210	4.33	优
		秋	2420	1820	4.25	良
		冬	850	920	1.77	差

注：表中涉及的空气质量评价结果仅代表基于空气负离子浓度的空气质量评价，以下同。

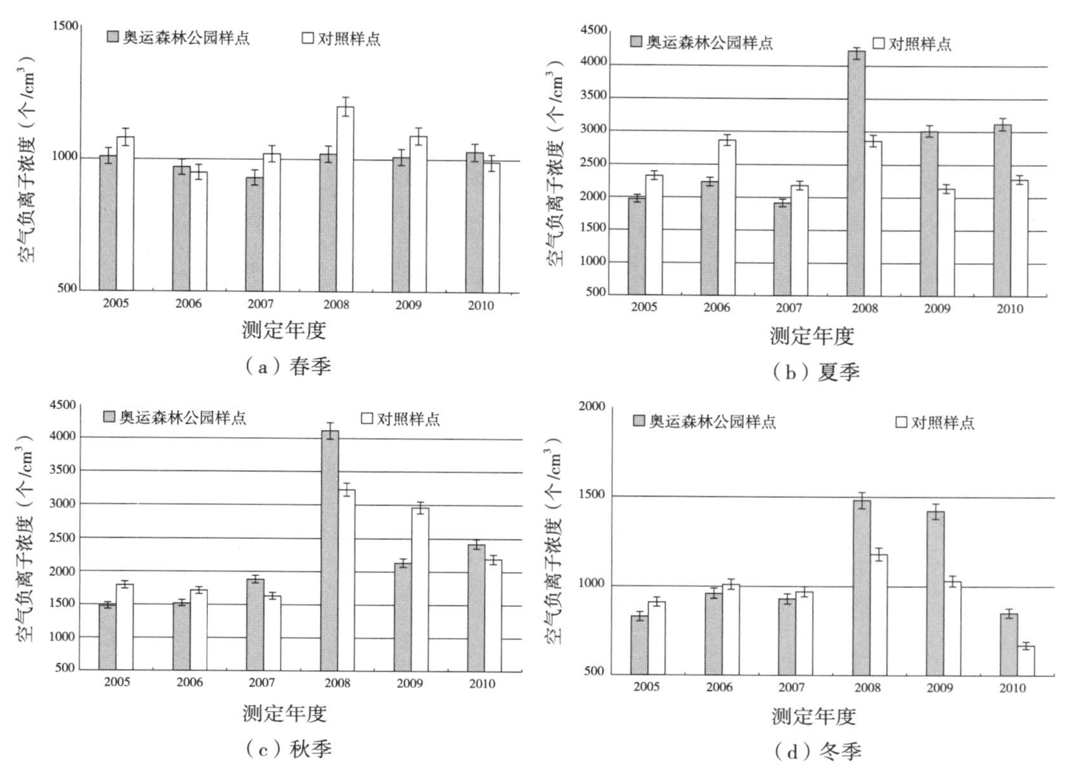

图 3-3 公园绿地测定年度不同季节空气负离子浓度

公园绿地不同季节空气负离子森林空气离子评价指数（*FCI*）值方差分析　表 3-8

	平方和（*SS*）	自由度（*df*）	均方（*MS*）	均方比（*F*）	显著性（$F_{0.05}$）
组间（季节）	18.237	3	6.079	6.599	0.002
组内	22.107	24	0.921		
总计	40.344	27			

3.3.3 公园绿地空气负离子浓度年度变化特征

3.3.3.1 公园绿地空气负离子浓度 2009—2010 年度变化特征

表 3–9 呈现了自 2009 年 6 月至 2010 年 5 月奥运森林公园的空气负离子测定结果及基于此指数的空气质量评价结果。数据表明，测定时间段内涉及的 4 个季节（2009 年夏、秋、冬季及 2010 年春季）其空气质量差异是显著的，在此时间段内，2009 年夏季空气质量最好，其次是秋季，而 2010 年春季空气质量最差。表 3–10 为基于表 3–9 的测定结果而针对不同季节公园绿地空气负离子浓度差异性所作的分析，结果显示，空气负离子浓度的季节差异性是非常显著的。

图 3-4 呈现了 2009 年 6 月至 2010 年 5 月公园绿地样点与对照样点的空气负离子浓度变化。公园绿地样点在 2009 年夏季空气负离子浓度最高（持续时间近 2 个月），并于 9 月浓度开始缓慢下降，至 2010 年 2 月达到测定时间段内的最低值，该低浓度值持续时间将近 3 个月，至测定时间结束才逐渐体现出升高的趋势。对照样点的空气负离子浓度变化特征与公园样点相似，其空气负离子浓度峰值出现在 2009 年 9 月和 10 月，但是其峰值平均浓度低于公园样点，对照样点在 2010 年 1 月即进入低浓度值时间区间，该区间持续时间将近 4 个月。最后，公园绿地样点和对照样点的最低空气负离子浓度值均低于阈值。

公园绿地 2009 年 6 月至 2010 年 5 月年度空气负离子浓度　表 3-9

时间	季节	空气负离子浓度（个 /cm³）	空气正离子浓度（个 /cm³）	森林空气离子评价指数（*FCI*）	空气质量
2009 年 6 月	夏	2790	820	3.62	良
2009 年 7 月		3230	950	4.19	优
2009 年 8 月		3010	730	3.76	优
2009 年 9 月	秋	2360	1020	3.37	良
2009 年 10 月		2270	990	3.24	良
2009 年 11 月		1780	1150	2.91	中
2009 年 12 月	冬	1640	1210	2.83	中
2010 年 1 月		1590	1010	2.61	中
2010 年 2 月		1040	860	1.89	中
2010 年 3 月	春	870	930	1.81	差
2010 年 4 月		1090	1020	2.1	中
2010 年 5 月		1140	930	2.07	中

公园绿地 2009 年 6 月至 2010 年 5 月不同季节空气负离子森林空气离子评价指数（*FCI*）值方差分析　表 3-10

	平方和（*SS*）	自由度（*df*）	均方（*MS*）	均方比（*F*）	显著性（$F_{0.05}$）
组间（季节）	6.048	3	2.016	19.591	0.00
组内	0.823	8	0.103		
总计	6.871	11			

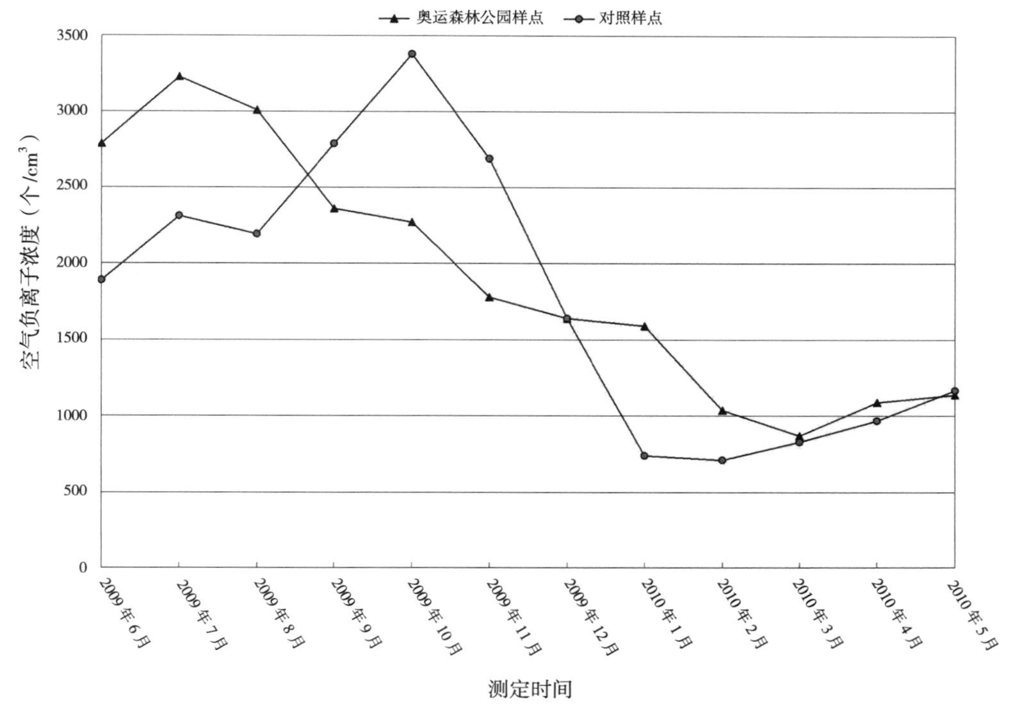

图 3-4 公园绿地 2009 年 6 月至 2010 年 5 月空气负离子浓度

3.3.3.2 空气负离子浓度变化与奥运森林公园建设过程

图 3-5 所示为 2005—2010 年公园绿地样点和对照样点诸年度空气负离子浓度均值。由图可知公园绿地样点和对照样点的空气负离子浓度均值均高于阈值并表现出相似的变化特征。2005—2007 年，两者均值介于 1000~1500 个 /cm³，其中对照样点空气负离子浓度均值略高于公园绿地样点。2008—2010 年，公园绿地样点和对照样点的空气负离子浓度均值在测定年度内出现比较明显的峰值后均表现为下降趋势，但此时公园绿地样点空气负离子浓度却开始显著高于对照样点。

通过不同年度的空气负离子 *FCI* 值方差分析可知（表 3-11），空气负离子浓度的年度差异不太显著。2005 年是奥运森林公园的前期规划设计阶段，2006—2007 年是奥运森林公园的建设阶段，2008—2010 年是奥运森林公园的建成后使用阶段，若以此为据研究公园绿地建设过程中不同阶段的空气负离子浓度值，则发现差异性是较显著的（表 3-12）。

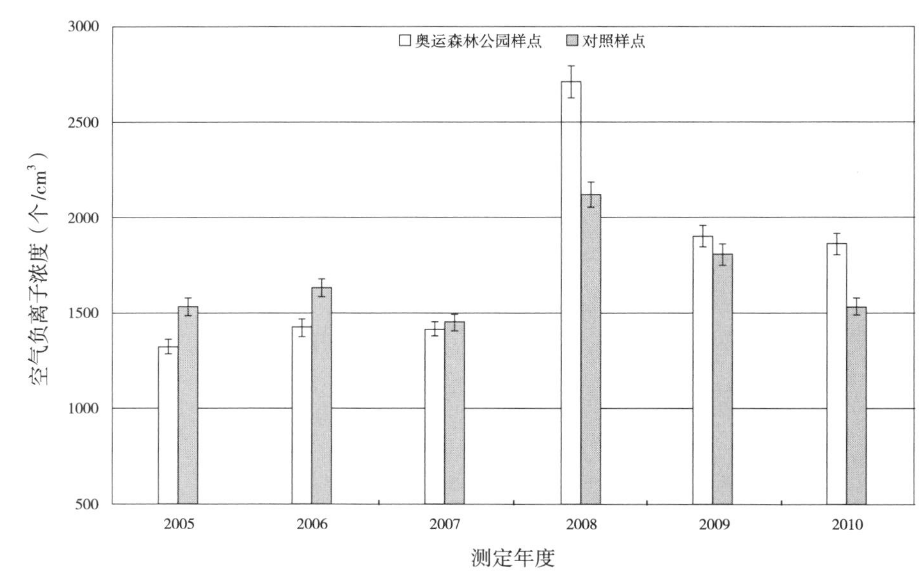

图 3-5 公园绿地测定年度空气负离子浓度

公园绿地不同年度空气负离子 *FCI* 值方差分析　　表 3-11

	平方和（*SS*）	自由度（*df*）	均方（*MS*）	均方比（*F*）	显著性（$F_{0.05}$）
组间（年度）	11.694	6	1.949	1.429	0.251
组内	28.649	21	1.364		
总计	40.344	27			

公园绿地不同年度空气负离子 *FCI* 值方差分析　　表 3-12

	平方和（*SS*）	自由度（*df*）	均方（*MS*）	均方比（*F*）	显著性（$F_{0.05}$）
组间（建设阶段）	6.930	2	3.465	2.593	0.095
组内	33.414	25	1.337		
总计	40.344	27			

3.3.4 公园绿地植物群落结构与空气负离子空间分异

图 3-6、图 3-7 数据分析结果分别为奥运森林公园绿地不同群落结构和组成区域空气负离子浓度，表 3-13 是以空气负离子浓度为评价指数的空气质量评价结果。由结果可知，在不同结构组成的植物群落中，从复层结构植物群落区域（3100 个 /cm^3）至单层结构植物群落区域（1700 个 /cm^3）的空气负离子浓度逐渐降低。在

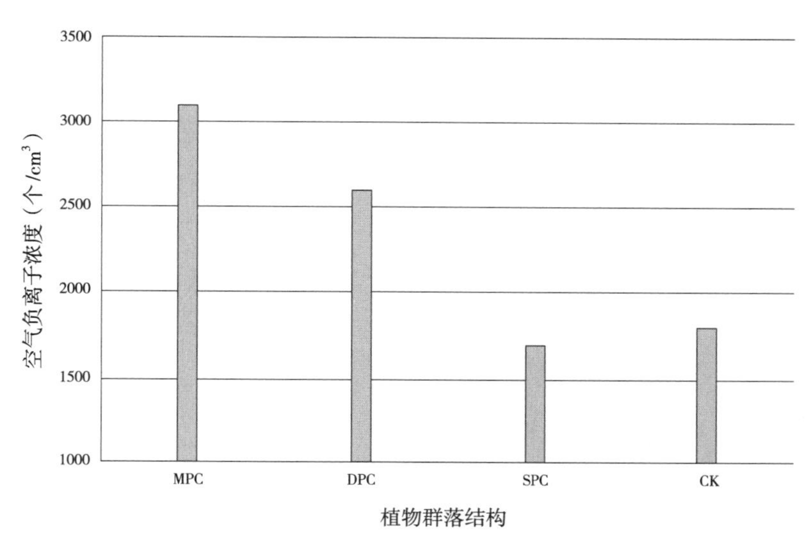

MPC—复层结构植物群落；DPC—双层结构植物群落；SPC—单层结构植物群落；CK—对照（铺装地）

图 3-6 公园绿地不同植物群落结构区域的空气负离子浓度

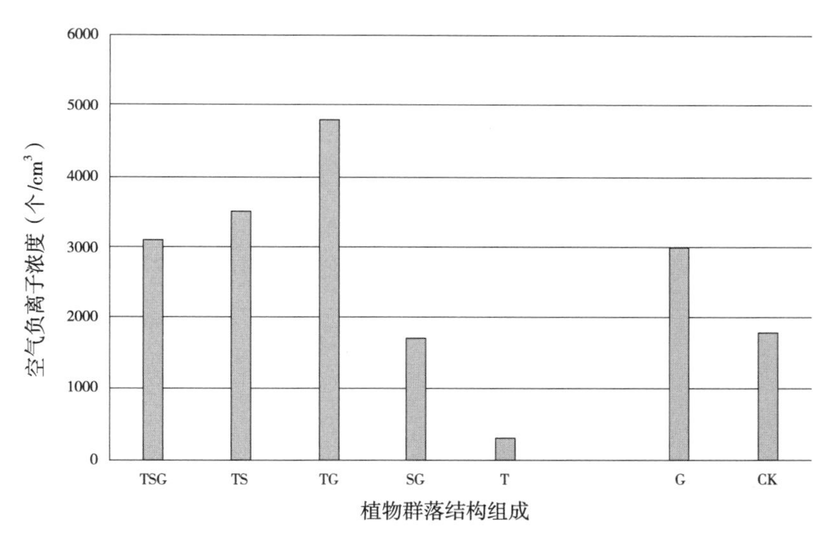

TSG—乔灌草型植物群落；TS—乔灌型植物群落；TG—乔草型植物群落；SG—灌草型植物群落；T—乔木型植物群落；G—地被 / 草坪型植物群落；CK—对照（铺装地）

图 3-7 公园绿地不同群落结构组成区域的空气负离子浓度

不同结构组成的双层结构植物群落区域，乔草型植物群落区域具有最高的空气负离子浓度（4800 个 /cm^3），乔灌型植物群落区域具有最低的空气负离子浓度（1200 个 /cm^3），灌草型植物群落结构区域居中（1700 个 /cm^3）。在不同结构组成的单层结构植物群落区域，地被 / 草坪型植物群落区域具有最高的空气负离子浓度（3000 个 /cm^3），而乔木型植物群落区域具有最低的空气负离子浓度，其空气负离子浓度仅为 300 个 /cm^3，该值低于空气负离子生物学效应阈值（1000 个 /cm^3）。表 3-13、表 3-14 的分析结果显示，乔灌草复层结构植物群落区域、乔草双层结构植物群落区域的空气清洁度等级较高，评价结果均为“优”，而其他类型植物群落结构组成区域空气清洁度为“中”。

公园绿地不同植物群落结构区域空气质量评价　表 3-13

植物群落结构	植物群落结构组成	空气清洁度		
		空气负离子系数（p）	森林空气离子评价指数（FCI）	等级
对照（铺装地）（CK）	—	0.30	6.90	中
复层结构植物群落（MPC）	乔灌草型植物群落（TSG）	0.61	5.10	优
双层结构植物群落（DPC）	乔灌型植物群落（TS）	0.30	4.00	中
	乔草型植物群落（TG）	0.67	7.16	优
	灌草型植物群落（SG）	0.59	2.88	中
单层结构植物群落（SPC）	乔木型植物群落（T）	0.50	0.60	中
	灌木型植物群落（S）	—	—	—
	地被/草坪型植物群落（G）	0.60	5	优

公园绿地不同植物群落结构区域空气负离子浓度方差分析　表 3-14

	平方和（SS）	自由度（df）	均方（MS）	均方比（F）	显著性（$F_{0.05}$）
组间	5836335.000	2	2918167.500	0.372	0.696
组内	1.019	13	7837233.846		
总计	1.077	15			

3.3.5 公园绿地植物群落类型与空气负离子空间分异

图 3–8 数据分析结果为奥运森林公园内不同群落类型区域的空气负离子浓度，表 3–15 是基于该区域空气负离子浓度的空气质量评价结果。数据显示，在奥运森林公园绿地样点所代表的 6 种群落类型中，落叶阔叶林型植物群落区域的空气负离子浓度最高（3900 个 /cm^3），针叶林型植物群落区域的空气负离子浓度其次（3700 个 /cm^3），灌木型植物群落区域的空气负离子浓度最低（1300 个 /cm^3）。表 3–15 、表 3–16 的数据分析结果显示，奥运森林公园绿地的落叶阔叶林型植物群落和地被 / 草坪型植物群落类型的空气清洁度评价结果为“优”，而其他植物群落类型区域，例如针叶林型、针阔叶混交型植物群落类型区域的空气清洁度评价结果为“中”，且分值较低。

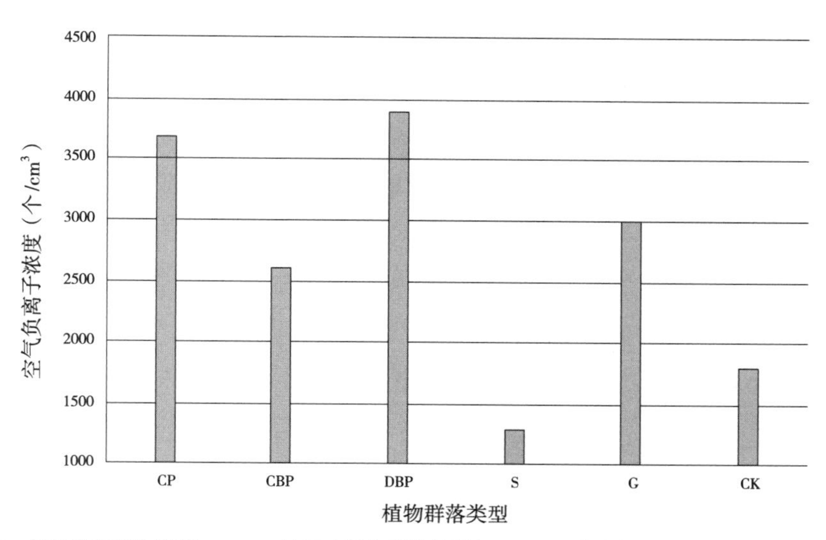

CP—针叶林型植物群落；CBP—针阔叶混交型植物群落；DBP—落叶阔叶林型植物群落；S—灌木型植物群落；G—地被 / 草坪型植物群落；CK—对照（铺装地）

图 3-8 公园绿地不同植物群落类型区域空气负离子浓度

公园绿地不同植物群落类型区域空气清洁度评价　　表 3-15

群落类型	空气清洁度		
	空气负离子系数（p）	森林空气离子评价指数（FCI）	等级
对照（铺装地）（CK）	0.30	6.90	中
针叶林型植物群落（CP）	0.48	2.5	中
针阔叶混交型植物群落（CBP）	0.56*	3.21	中
落叶阔叶林型植物群落（DBP）	0.60*	6.67	优
灌木型植物群落（S）	0.70*	4.03	良
地被 / 草坪型植物群落（G）	0.45	6.67	优

注：* 表示置信度为 0.05 时，相关性是显著的。

公园绿地不同植物群落类型间空气负离子浓度方差分析　　表 3-16

	平方和（SS）	自由度（df）	均方（MS）	均方比（F）	显著性（$F_{0.05}$）
组间	1.147	4	2868338.988	0.328	0.854
组内	9.625	11	8749729.004		
总计	1.077	15			

3.3.6 公园绿地典型景观环境与空气负离子浓度

图 3-9 数据分析结果为奥运森林公园绿地典型景观环境区域的空气负离子浓度，表 3-17 为基于该区域空气负离子浓度的空气质量评价结果。由结果可知，滨水植物群落环境区域的空气负离子浓度最高（4500 个 /cm^3），复层植物群落环境区域的空气负离子浓度较高（3100 个 /cm^3），而滨水广场环境区域的空气负离子浓度最低（860 个 /cm^3），低于空气负离子生物学效应阈值。表 3-17、表 3-18 的数据分析结果显示，滨水植物群落及复层结构植物群落、单层结构植物群落 3 种典型环境区域的空气清洁度等级均为“优”，而滨水广场环境区域为“差”。

但是，在数据结果中，滨水广场及滨水植物群落环境区域空气负离子浓度 p 值均低于 0.5，原因尚不明。

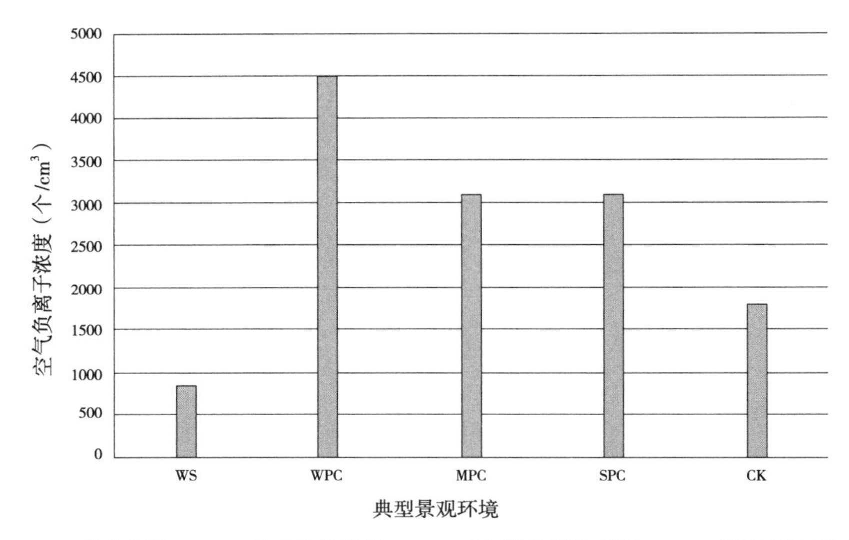

WS—滨水广场；WPC—滨水植物群落；MPC—复层结构植物群落；SPC—单层结构植物群落；CK—对照（铺装地）

图 3-9 公园绿地不同典型景观环境区域的空气负离子浓度

公园绿地不同典型景观环境区域空气清洁度评价　　表 3-17

典型景观环境	空气清洁度		
	空气负离子系数（p）	森林空气离子评价指数（FCI）	等级
对照（铺装地）（CK）	0.30	6.90	中
滨水广场（WS）	0.35	2.46	差
滨水植物群落（WPC）	0.40	11.25	优
复层结构植物群落（MPC）	0.61	5.08	优
单层结构植物群落（SPC）	0.70	4.43	优

公园绿地典型景观环境间空气负离子浓度方差分析　表 3-18

	平方和（SS）	自由度（df）	均方（MS）	均方比（F）	显著性（$F_{0.05}$）
组间	1.832	4	4580534.641	0.566	0.692
组内	9.709	12	8090829.630		
总计	1.154	16			

3.3.7 公园绿地空气温湿度、植被郁闭度与空气负离子浓度

由表 3–19、表 3–20 分析可知，植物群落内部样点的空气温湿度与植被郁闭度有相关性，其具体表现为样点的植被郁闭度越高，空气温度相应降低，而空气相对湿度和空气负离子浓度则相应增加。在奥运森林公园绿地内，当样点植被郁闭度为 0.15 时，其降温增湿作用并不明显；若植被郁闭度达到 0.55，则可降温 1℃左右，同时增加空气相对湿度 3%~5%；当样点植被郁闭度达到 0.75 时，其降温增湿作用明显，可显著降温 2~3 ℃，同时增加空气相对湿度 5%~10%。另外，局部样点植被的具体降温增湿效果与植物群落结构有很大关系，乔灌草复层结构植物群落的降温增湿效果要强于简单层次结构的植物群落，例如双层结构植物群落和单层结构植物群落。与此同时，双层结构植物群落中以乔灌型植物群落结构降温增湿效果最为明显，乔草型植物群落结构居中，而灌草型植物群落结构最低。单层地被的降温增湿效果要低于单层乔木或灌木群落结构。

植被郁闭度、空气温度、空气相对湿度与空气负离子浓度　表 3-19

样点	植被郁闭度	空气温度（℃）	空气相对湿度（%）	空气负离子浓度（个 /cm^3）
CK	0	27	54	1800
A	0.65	24	50	1400
B	0	27	45	320
C	0.85	25	50	3200
D	0.85	24	51	2900
E	0.25	25	47	300
F	0.75	24	55	2000
G	0.75	27	53	4200
H	0.15	28	48	300
I	0.15	27	49	460
J	0.45	26	56	9500

续表

样点	植被郁闭度	空气温度（℃）	空气相对湿度（%）	空气负离子浓度（个 /cm³）
K	0.55	28	53	6000
L	0.55	28	50	3000
M	0.95	25	57	1200
N	0.75	24	56	2200
O	0.75	25	57	4100
P	0.55	27	52	8000
Q	0.75	26	54	2100

空气负离子浓度与空气温度、空气相对湿度、植被郁闭度之间的相关关系　表 3-20

系数	植被郁闭度与空气相对湿度	空气温度与空气相对湿度	空气负离子浓度与空气温度	空气负离子浓度与空气相对湿度
R	0.531*	−0.335	0.078	0.483*
T	0.399	−0.272	0.043	0.342
P	0.642**	−0.315	0.160	0.443

注：* 表示置信度为 0.05 时，相关性是显著的；** 表示置信度为 0.01 时，相关性是显著的。*R* 值代表两个等级变量之间的斯皮尔曼秩相关系数，*T* 值代表两个等级变量间的肯德尔秩相关系数，*P* 值代表两个连续性变量之间的皮尔逊相关系数。

通过对比空气相对湿度和植物群落类型时可知，相同样植被郁闭度和群落结构条件下，落叶阔叶林型植物群落的增湿效果最好，针阔叶混交林型植物群落的增湿效果居中，而针叶林型植物群落、灌木型植物群落和地被 / 草坪型植物群落增湿效果最不明显。

依据空气质量评议标准（表 3–1、表 3–4），本试验选定的 17 个样点中，空气质量评价指数（*CI*）值大于 1 的“最清洁”样点数量为 11 个，占所测试样点数量的 65%；“允许”清洁度样点数量仅有 2 个；“清洁”和“中等”清洁度样点数量分别为 1 个和 4 个。

表 3–20 呈现了空气负离子浓度、空气温度、空气相对湿度及植被郁闭度之间的相关关系。由表 3–20 可知，样点的空气温度与空气相对湿度间呈负相关关系，但与此同时，这一关系在少数样点（样点 K、L）中表现并不明显。另外，通过对比空气负离子浓度与空气温度及空气相对湿度之间的关系，尽管不同样点间空气负离子浓度相差很大，但空气负离子浓度与植被郁闭度和空气相对湿度呈正相关关系，这一特征在多数样点能够得以体现，但受多种原因影响，局部样点表现并不明显（表 3–14）。

表 3–21 显示样点空气负离子浓度与空气负离子系数（*p*）和森林空气离子评价指数（*FCI*）之间的相关关系。结果表明，空气负离子浓度与 *FCI* 值相关性显著。另外，基于数据的对比和分析（表 3–4），结果显示相近的空气负离子浓度却出现了较大差异的 *q* 值（表 3–19，样点 D、L）；同时，同样的 *q* 值情况下，却存在空气负离子浓度数倍的差距（表 3–19，样点 M、L）。综合分析表 3–19，基于空气负离子浓度的奥运森林公园空气质量评价结果中，多数样点的评价结果能够反映以空气负离子浓度为参照的空气质量。同时，局部样点（J、K），具有相近的空气负离子浓度而空气质量评价指数（*CI*）值却有较大差异，数值上两者差异近 17 倍，本书作者已发表文章对此问题专门进行探讨（潘剑彬等，2010）。

空气负离子浓度与空气负离子系数（*p*）及森林空气离子评价指数（*FCI*）之间的相关关系　表 3-21

系数	空气负离子浓度与 *p* 值	空气负离子浓度与 *FCI* 值
p	−0.377	0.779**

注：** 表示置信度为 0.01 时，相关性是显著的。

3.3.8 公园绿地空气负离子浓度空间格局特征

表 3–22 所示内容为公园绿地实测样点试验结果。其中植物优势种及其株高、胸径以及对于植物群落样方三维绿量有重要影响的植物量化信息——叶面积指数和郁闭度为实地调研获得的基础数据，空气负离子浓度标准化值计为 *FCL* 值，为根据样点实测数据推求。空间插值子样点标准化值由样点空气负离子浓度实测值、与实测样点距离以及叶面积指数和郁闭度共 4 组数值输入分析程序后分析得出，作为以下分析的基础数据，因涉及子样点数量约 200 个，限于篇幅不在此展示。

公园绿地群落样方植物信息与空气负离子标准化值　表 3-22

样点	植物优势种	株高（m）	胸径（cm）	叶面积指数	郁闭度（%）	空气负离子浓度标准化值（*FCL*）
CK_1	—	—	—	—	—	—
CK_2	—	—	—	—	—	—
A	毛白杨	9.2	17.9	18.6	43.2	2.4
B	草坪	—	—	—	11.7	2.2
C	绦柳	5.7	23.6	38.7	83.6	3.7
D	圆柏国槐	5.5/17.5	12.4/22.8	56.2	85.2	3.8

续表

样点	植物优势种	株高（m）	胸径（cm）	叶面积指数	郁闭度（%）	空气负离子浓度标准化值（*FCL*）
E	油松	5.2	15.3	7.4	17.1	1.4
F	旱柳	7.6	13.8	17.3	78.6	1.9
G	紫丁香	3.8	—	12.5	68.9	0.9
H	金叶莸	0.4	—	9.5	8.3	0.2
I	大叶黄杨	0.8	—	4.7	10.3	0.4
J	油松	6.3	20.1	16.1	55.6	1.6
K	榆叶梅	3.7	—	7.1	21.9	2.7
L	草坪	—	—	—	23.4	1.7
M	油松	5.9	19.7	23.1	90.6	2.8
N	毛白杨	7.4	18.9	13.7	65.3	3.1
O	国槐	6.7	16.4	14.3	45.3	1.8
P	银杏	8.1	21.5	21.2	33.2	2.7
Q	国槐	5.6	15.4	9.3	64.2	1.3

以奥运森林公园绿地实测样点及空间插值子样点的空气负离子标准化值为基础数据，采用 Moran 散点图（z 检验，$P \leqslant 0.05$）分析空气负离子空间分布的局部空间自相关性，揭示绿地区域空气负离子浓度空间分布的异质性。如图 3–10，Moran 散点图横坐标为绿地内实测样点空气负离子浓度标准化值（*FCI*，以下同），纵坐标是基于绿地空间插值子样点的空气负离子浓度标准化均值。图中的 4 个象限表达了特定区域与其周边区域存在的 4 种局域空间相关关系：第一象限为“高—高”，代表高观测值区域被同是高值的插值区域所包围的空间联系形式，显示实测样点与插值子样点空气负离子空间相关性的正相关关系；第二象限为“低—高”，代表了低观测值区域被高值的插值区域所包围的空间联系形式，从而显示两者间的负相关关系；第三象限为“低—低”，代表了低观测值区域被同是低值的插值区域所包围的空间联系形式，同样显示正相关关系；第四象限为“高—低”，代表了高观测值区域被低值的插值区域所包围的空间联系形式，亦表现负相关关系。

同样，以 GeoDa 软件计算城市绿地区域空气负离子浓度的 LISA（Local Indicators of Spatial Association）值，并在 z 检验（$P \leqslant 0.05$）的基础上得出其 LISA 聚类图（图 3–11）。

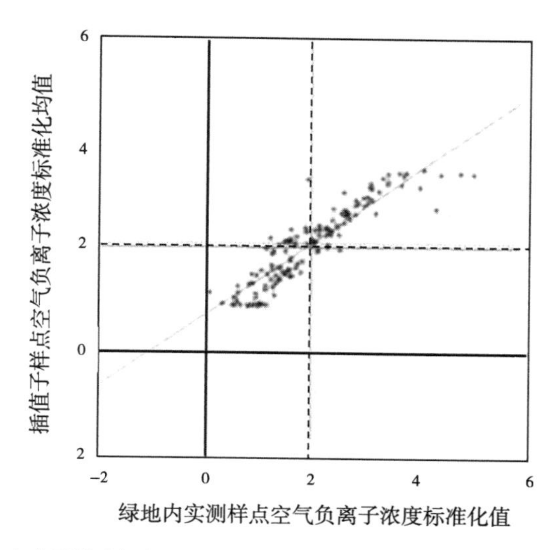

图 3-10 公园绿地空气负离子浓度标准化值 Moran 散点图（*Moran's*=0.683）

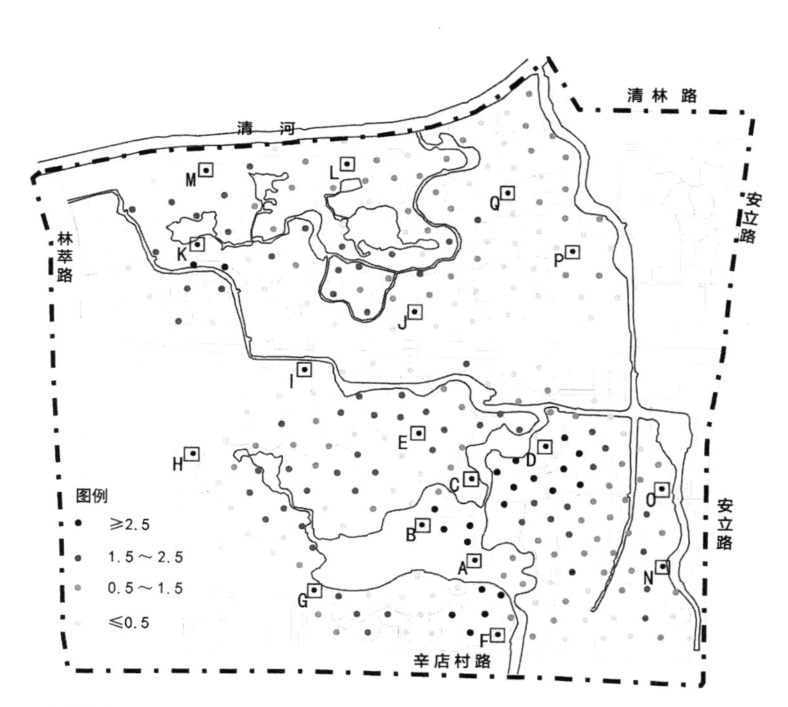

图 3-11 公园绿地空气负离子浓度标准化值 LISA 聚类图

空间相关性分析 *Moran's I* 指数为 0.683，该结果说明多数实测样点与插值子样点的空间相关性显著。而图 3-10 显示的公园绿地空气负离子浓度标准化值分布进一步表明空气负离子浓度在绿地局地内的空间关联性表现显著。绿地内的多数样点（含实测样点和插值子样点）的空气负离子浓度标准化值在 1.5~2.0 以上，而此值显著高于对照样点，则说明奥运森林公园绿地的空气负离子效益是显著的。LISA 聚类分析结果显示实测样点与插值子样点空气负离子浓度标准化值在空间上的相关关系。图 3–10 显示，聚集类型为“高 – 高”的空气负离子浓度测点所在的绿地样点集中分布于原洼里公园绿地植被保留区域及滨水区域（C、D 及 F 样点区域及周边）；而聚集类型为“低 – 低”的绿地样点主要分布于奥运森林公园北园部分绿地及湿度区域，森林公园内规格尚小、郁闭度较低的新植树木（主要是圆柏等常绿针叶乔木）区域（L、M 及 J 样点区域及周边）及南园西侧靠近城市道路区域（G、H 及 I 样点区域）；聚集类型为“高 – 低”的绿地样点主要分布于奥运森林公园南园奥海岛屿区域（A、B 样点区域及周边）；聚集类型为“低 – 高”的绿地样点因为相对较少，所以其反映的空间异质性信息有限。产生以上聚集类型是因为试验绿地内存在各种具有显著异质性的空间类型，例如水域，以落叶乔木为优势种的乔灌草型、乔草型植物群落区域，以常绿针叶乔木为优势种的乔灌草型、乔草型植物群落区域，而不同空间类型的植物群落的空气负离子效益及其对周边的影响是不同的，要进一步阐述此相关关系，还须进一步研究。

另外，从空气负离子浓度标准化值与绿地植物量化信息的相关性分析结果来看（表 3–23），空气负离子浓度标准化值与郁闭度和叶面积指数的相关性均呈现正相关关系。结合研究前期实地调研结果不难发现，对乔灌草型和乔草型植物群落而言，乔木优势种种类、胸径和株高是决定其所在群落郁闭度和叶面积指数的决定性因素，以此不难推断出空气负离子与作为群落建群种的乔木种类及其规格决定的群落的生物量具有显著的相关关系。

公园绿地空气负离子浓度标准化值与郁闭度、叶面积指数的相关性分析　表 3-23

系数	空气负离子与郁闭度	空气负离子与叶面积指数
R	0.531*	0.078
T	0.399	0.043
P	0.642**	0.160

注：* 表示置信度为 0.05 时，相关性是显著的；** 表示置信度为 0.01 时，相关性是显著的。*R* 值代表两个等级变量之间的斯皮尔曼秩相关系数，*T* 值代表两个等级变量间的肯德尔秩相关系数，*P* 值代表两个连续性变量之间的皮尔逊相关系数。

3.4 结论与讨论

3.4.1 公园绿地空气负离子浓度日变化特征

奥运森林公园样点空气负离子浓度在试验时间内呈现双峰曲线。对照样点呈现出的变化特征与公园样点类似，只是在空气负离子浓度数值上有显著差异，并且在测定时间内未出现第二次显著的峰值，这一特点显然与韦朝领等人（2006）对合肥市旅游观光区的空气负离子浓度测定结果相同。

分析认为，正是由于奥运森林公园区域的大量植被造就了该绿地区域与对比区域显著的微气候差异，同时为空气负离子的生成创造了有利的条件。由于植被的影响，公园绿地空气负离子浓度的日变化特征是非常显著的，同时也正因如此，公园区域的环境质量显著优于对照样点区域。

08:00—11:00，随着太阳辐射强度的不断增强和植被冠层光合效率的不断提高，群落内的温度升高、空气相对湿度下降，逐渐形成有利于植物冠层进行光合作用的小气候，植被光合作用的增强进一步促进了植物叶片尖端放电和光电效应的产生，进一步促进了空气负离子的产生，因而公园区域的空气负离子浓度因此而达到了第一个峰值。11:00—13:00，随着太阳辐射强度的进一步增强和空气温度的上升，植被光合作用进程出现“午休”现象，空气相对湿度和植被光合效率显著下降，与此进程紧密相关的空气负离子浓度也呈现迅速下降的状态。13:00—17:00，随着环境温度的下降和植物群落内部空气相对湿度的升高，植被的光合效率也呈现出显著的升高趋势，结果出现了测量时间内空气负离子浓度的第二个峰值。但是可能是缘于太阳辐射强度和光合作用强度的原因，此时的空气负离子浓度峰值显著小于首次峰值，持续时间也相对较短。日落之前的一段时间，随着太阳辐射强度的减弱和植被光合效率的下降，空气负离子浓度也不断地下降。

3.4.2 公园绿地空气负离子浓度季节变化特征

奥运森林公园的空气负离子浓度季节特征说明绿色植被对于该区域的空气负离子浓度提高具有显著的作用。一般认为，空气负离子的产生有两种主要的途径：物理性发生和生物性发生（邵海荣等，2005）。物理性发生主要因为宇宙射线和紫外线以及具有放射性的岩石和土壤，在较小的区域范围内，空气负离子的物理性发生条件基本是相同的，因而我们主要关注空气负离子的生物性发生因素——植被。绿色植物进行光合作用时会释放氧气（空气负离子产生的原料之一），森林的林冠、枝叶的尖端放电也会促使空气电离，因而产生高浓度的空气负离子（柏智勇和吴楚材，2008）。夏季是绿色植物旺盛生长的季节，尤其是北京地区此时高温多雨，特别适合植物生长，乡土植物种类在同样的基址条件下通常较其他植物种类具有更高的光合效率，奥运森林公园区域的乡土植物种类多达 100 种以上，虽然不同类型植物的种植区域空气负离子浓度有所不同，但与一般城市环境相比，高的郁闭度和多样的植物群落层次结构促进了空气负离子的产生（潘剑彬等，2011）。

2005—2008 年是奥运森林公园的规划和建设过程，基于空气负离子浓度的空气质量评价结果也说明了这同时也是空气质量明显改善的过程。森林公园区域主要群落类型为落叶阔叶林型植物群落，在夏秋季节，大量的绿色植被使得这一区域的空气质量较城市区域有明显的改善，而冬春季节的植被休眠和周围高密度的住宅区和繁忙的交通（公园整体被北五环路东西贯穿，四周均系城市主干路）致使这一区域的空气质量较差。奥运森林公园周边区域多为住宅区，冬季和早春的季节性采暖也有可能降低这一区域的环境质量。2008—2010 年是奥运森林公园绿地的建成后使用阶段，除空气质量较建设前期和建设过程有明显的改善外，我们注意到，此时冬春季节的空气质量也略有提升，这可能是由于大面积的植被改善了这一区域的小气候，也可能是公园绿地区域的常绿植被发挥了一定的作用，2010 年冬季公园区域空气质量较差可能与此时北京地区降水量长期不足，空气过于干燥有关。

3.4.3 公园绿地空气负离子浓度年度变化特征

表 3–7 的评价结果说明奥运森林公园的空气质量在不同建设阶段有显著差异。奥运森林公园在现有植被构成中，少数系保留原洼里公园的部分植被，而多数是移植于市内其他苗圃（外地进京苗木也已在京内苗圃假植 2 年以上），较为详尽的栽植工程技术和植后养护管理保证了园林植物能够迅速地恢复生长发育，上述原因可能是公园区域空气负离子浓度显著升高的原因。而 2008 年公园区域空气质量明显优于其他年份（图 3–3），可能与此年度北京市为保证奥运会举办而采取其他多种改善环境质量的措施（例如机动车单双号限行等）有关。城市绿地改善区域环境质量的能力毕竟是有限的，只有各种环境措施协同作用，才能最大限度地发挥城市绿地改善区域空气质量的作用。

2009 年 6 月至 2010 年 5 月的空气负离子测定结果能够说明绿色植被能够季节性地影响空气负离子浓度（表 3–9）。夏秋季节空气质量的优良无疑是因为绿色植被的作用，但是同是绿色植被缺失的冬春季节，空气质量却有显著差异，例如 2010 年 3 月的空气质量评价为“差”，这可能是因为此时北京多风干燥，致使空气中存在大量的浮尘从而影响了空气负离子的寿命（钟林生等，1998）。

测定年度内空气负离子在植物生长季（2009 年 6—10 月）的浓度变化以及公园样点和对照样点的空气负离子浓度对比更加详尽地说明了绿色植被对于改善区域空气质量的作用。但是对照样点的空气负离子浓度峰值出现的时间为何比公园区域晚将近 2 个月的时间，是试验误差引起抑或确实存在某些与植被（群落结构、群落类型等）相关的规律性，有待于通过进一步的对比试验来分析。另外，公园样点的低浓度持续时间将近 2 个月（2010 年 2 月和 3 月），而与此同时，对照样点的极低空气负离子浓度却持续将近 4 个月时间（2010 年 1 月至 4 月），植被的因素还是其他相关因素使然，需要通过长期的浓度测定和对比试验来揭示。

3.4.4 公园绿地植物群落结构与空气负离子空间分异

由试验结果可知，在奥运森林公园绿地的复层、双层和单层结构植物群落中，乔灌草复层植物群落区域的空气负离子浓度平均值较高，但其数值低于双层植物群落结构中的乔草结构。该结果与吴志萍等（2007）、孙文等（2021）在北京、上海城市公园绿地基于空气负离子实测得出的研究结论类似。产生上述结果的原因可能是乔灌草复层结构植物群落的单位绿地面积三维绿量相对较大，而叶绿体是光合作用发生的场所，因而该结构的植物群落具有较高的光合作用总量。但复层结构植物群落区域的空气负离子浓度低于双层结构植物群落，这可能与不同地域条件下某种群落结构的光合作用效率有关。孙文等人（2021）针对上海中山公园绿地的研究结果是乔灌型植物群落结构，而吴志萍等人（2007）在北京的研究结果是乔草型植物群落结构（跟本书的研究结果较一致）。在进行城市绿地植物群落构建（绿地植物景观规划及设计阶段）时，了解和掌握地域及城市内植物群落层次对太阳辐射的利用需求和效率是非常重要的，因为只有基于此，才能最大效率地利用太阳辐射和空气负离子产生效率，同时也能够满足植物本身的生长需求。控制性试验的方法可用于研究植物个体及群落在不同太阳辐射强度下的空气负离子效率，Wang & Li （2009）、李爱博等（2019）分别在北京和浙江杭州进行的控制性试验已经在试探性地阐释这种规律，但他们使用的是盆栽植物或人工气候室内的非典型城市绿地植物，所以其研究结论仍存在一定局限，阐述相关规律，尚需开展大量的控制性试验。

在具有显著空气负离子效应的双层群落结构中，郁闭度为 0.55 ~ 0.75 的乔草双层结构植物群落空气负离子浓度最高的原因是乔草型植物群落结构及郁闭度条件下，阳光能够先通过树冠层后通过地被层照射到植物叶片上，而植物叶片可以在短波紫外线的作用下，发生光电效应，从而增加空气中的空气负离子浓度。与此同时，如果植被郁闭度过大或过小，都可能降低（冠层或林下层）植物叶片的光电效应效率。

3.4.5 公园绿地植物群落类型与空气负离子空间分异

奥运森林公园绿地内的落叶阔叶林型植物群落区域的空气负离子浓度相对较高，这是因为该试验区域保留原洼里公园树木较多（以毛白杨和旱柳为主），规格较大（胸径 30 ~ 40cm），生长状态也较好，有益于其区域环境内保持较高的空气负离子浓度。该研究结果与李爱博等（2019）在上海中山公园绿地开展的试验得出的结论相同。与此同时，也有部分研究结果与已有研究不同，例如，蒙晋佳等（2005）认为常绿针叶树木的叶呈针状，等曲率半径较小，具有尖端放电的功能，能够促使空气发生电离从而提高群落区域的空气负离子浓度；同时常绿针叶乔木释放出的芳香挥发性物质也能使空气发生电离，所以其群落周围空气负离子浓度较高。奥运森林公园绿地内的针叶林型植物群落和针阔叶混交型植物群落区域的空气负离子浓度比较低的原因可能是常绿针叶树木多为移植且规格尚小有关（株高 4.5 ~ 5.5m），但这一群落类型区域的空气负离子浓度需要长期关注。

落叶阔叶林型、针阔叶混交型植物群落是北京地区的乡土植物群落类型，结合在奥运森林公园绿地内的长期试验观测，这一群落类型下的种间关系能够促进组成物种的生长，可能正是由于这一原因致使植物群落区域具有较高的空气负离子浓度。长期的空气负离子浓度监测试验中发现，同样群落类型下近乎相同物种组成的园林植物群落，其周边的空气负离子浓度差异较大。相对来讲，具有较长的林缘线或者边际、群落内外较密植的群落区域具有较高的空气负离子浓度，通常在其植物群落边缘的空气负离子浓度要高于此群落内部和外部。虽然这些发现仍需要进一步定点监测和试验验证，但若确实园林植物的不同种类、不同配植及平面构成模式能够影响其微环境效应的发挥，无疑为园林植物群落科学构建明确了研究方向。

3.4.6 公园绿地典型景观环境与空气负离子空间分异

已有研究证明，奥运森林公园绿地内的水域分布、绿地植物群落布局与空气负离子浓度空间格局特征具有显著的相关关系。本次试验结果再次证实，滨水植物群落区域空气负离子浓度较高，甚至高于乔灌草复层结构植物群落区域，可能的原因是滨水区域通风透光、水热条件适宜，植物群落生命活力旺盛。滨水广场区域空气负离子浓度较低可能与本区域处于奥运森林公园内较大的人流集散区，远离植物群落，且人群活动造成空气中各种径级的空气粒子较多从而消减空气负离子的存现寿命。

综上所述，纵向比较奥运森林公园绿地植物群落结构、群落类型和典型景观环境空气负离子浓度与森林空气负离子评价指数（*FCI*）之间的相关性系数（*P* 值）可知，植物群落结构差异条件下的相关性系数最高而典型景观环境差异条件下的相关性系数最低，其中植物群落结构与空气负离子浓度呈现显著的正相关（P=0.786）。可能的原因是不同的植物群落结构直接影响绿地植物群落三维绿量，从而显著影响区域内的空气负离子浓度。

开展该研究 10 余年来，随着奥运森林公园绿地植被的持续生长发育，单位绿地面积三维绿量将越来越大，公园绿地植物群落对区域微环境质量的影响力将愈加显著，以空气负离子为指标的单一微环境效应如何发展？空气负离子环境、热环境和空气微生物环境等具有耦合关系的复合微环境效应如何发展？耦合作用机制是什么？解决这些科学问题，开展持续监测并（基于实测的大量数据）进行分析，接受广泛而深入的检验将是十分必要的。研究结果试图服务于风景园林的“循证设计”过程，为具有高效微环境效应的功能型绿地规划设计提供基础数据以及科学依据。

3.4.7 公园绿地空气负离子与空气温湿度、植被郁闭度

公园绿地植物群落和植物个体在生长发育过程中能够改变其周边的微环境因子，而这些微环境因子的改变不仅仅使人们感觉更加舒适，还可以直接服务于空气负离子的生成等生态效益的实现。绿色植物叶片本身进行多种生理生化作用的同时，也会在林木冠层形成叶幕，可以截留太阳辐射而避免太阳直射树冠下方的区域，使其温度不至于快速升高，因而在林冠上下和群落的内外部之间存在温差，促进群落内外和林冠上下空间的空气流通。与光合作用同时进行的植物蒸腾作用可增加空气中的水分子，从而使树冠周围空气相对湿度增加，所以植被的降温和增湿作用是同时实现的，故而多数样点温度和湿度呈现负相关的关系。植物群落

区域的空气负离子浓度与湿度呈现出正相关的特征，其原因是叶片光合作用能够产生氧气，而氧气和水分子具有较强的亲和性，能够形成优先负氧离子，也即空气负离子。另外，在奥运森林公园内的多数样点，植被郁闭度与空气负离子浓度呈现正相关的关系，因为郁闭度通常是植被生长状态的直观反映，同时也是植被生态效益大小的反映。但与此同时，这个规律在局部样点表现并不明显，原因可能在于乔灌木的规格尚小、树冠和叶幕规模以及光合效率都有限。2009 年是奥运森林公园建成并开放的第二年，也是移植树木在奥运森林公园内的第二个生长季，其生长势还有待于进一步恢复。我们将对奥运森林公园内区域样点的空气负离子浓度常年跟踪测定，以进一步揭示相关规律。

3.4.8 公园绿地空气负离子空间格局特征

奥运森林公园绿地的空气负离子之所以在部分区域（A、B、D、C 和 F 样点周边）呈现较显著的空间格局特征，其原因是相对较高的绿地生物量（三维绿量）的植物群落在此空间分布。不仅仅城市公园绿地，其他类型的城市绿地（例如居住区绿地、单位附属绿地等）中，景观空间格局的差异（建筑和游憩空间的布局、山水格局等）及绿量差异显著的绿地格局（草坪、新植树木区域、高郁闭度和叶面积指数的植物群落区域及面状水体等）等因素是植物三维绿量空间分布差异性显著的直接因素，而已有研究证实，绿地植物三维绿量与其微环境改善功能呈现显著的线性关系，上述因素是试验绿地区域空气负离子空间分布差异显著的主要原因。另外，由上述试验分析结果来看，即便具有相同的植被量化指数，植物群落的种类构成及配植层次也会影响空气负离子在区域中的空间布局，与此同时，绿地植物的空气负离子效益可能存在一定的“场范围”和“场强度”，但植物群落的三维绿量、植物群落类型及结构中哪一因素对其空气负离子效益具有决定性因素及其影响机理，还需进一步深入研究。

已有研究表明，绿地绿量是实现城市绿地微环境效益的基础之一，空气负离子效益也不例外。实践中，城市绿地面积受到城市建设用地规模、城市规划以及经济因素等方面的制约，单纯依靠提高绿地面积和数量来发挥其改善和提升城市人居环境的功能显然在北京这一类人口密集、城市建设用地相对紧张的城市是不现实的。我们只有将关注点转移到提高单位绿地面积的生态功能，也就是绿地的建设质量才是现实的途径。

该研究结论可以为城市公园绿地的管理及后期建设提供参考。公园绿地管理部门在开展相关科学研究的基础上，综合运用规划和建设手段加强对绿地内空气负离子浓度的调控，尤其是加强高空气负离子区域向奥运森林公园现有的几个分布中心集聚，并使其在整个绿地内均衡布置，在各方向均具有较高的可达性以服务于游憩空间；再者就是将空气负离子的空间分布与构成绿地游憩系统的广场、园路相结合，使空气负离子能够真正地服务于绿地游人，以充分提高城市绿地的综合利用效益。

3.5 本章小结

植被的郁闭度对空气负离子浓度具有显著的影响。通常情况下，植被的郁闭度越高，植物群落改变其周边的空气温度和相对湿度的功能就越加显著，而以空气温湿度为代表的微气候改变可以直接影响植物群落周边的空气状况甚至空气成分（氧气、水），这种环境与植物体的互作关系影响了空气负离子的产生。

植物群落结构与空气负离子浓度间具有显著的相关关系，复层结构植物群落对空气负离子浓度的影响最为显著，其次为双层结构植物群落和单层结构植物群落。公园绿地的单位面积绿量是影响绿地功能的主要因素，具体表现为单位面积绿量越大，其能够影响产生空气负离子的功能就越加显著。

植物群落类型与空气负离子浓度也具有显著的相关关系。落叶阔叶林是北京地区的典型乡土群落类型，在奥运森林公园中因为具有较好的生长势和较高的光合效率，故而对空气负离子浓度产生比较显著的影响。其他研究者曾有报道北京地区的针阔叶混交型群落区域和常绿针叶型群落区域具有较高的空气负离子浓度，但奥运森林公园内这两种群落类型规格尚小，可能其对环境的影响力还有限，所以在后续试验中，长期的持续测定对于揭示群落类型与空气负离子浓度的相关性是非常必要的。

公园区域不同的典型地域环境内具有显著的空气负离子浓度差异。不同区域环境具有不同的特点，植物群落结构和群落类型、水体的类型、人群和其他因素都可能对空气负离子浓度产生直接或间接的影响。空间自相关及其他分析方法的运用结果也表明空气负离子的空间关联性（即空气负离子浓度与植物群落结构、类型的相关性）在局地内表现显著，但在整个绿地内不显著；空气负离子标准值与郁闭度和叶面积指数相关性均呈现正相关关系。

太阳辐射的变化在改变植物群落周边环境条件的同时也可以使绿色植物的光合作用、呼吸作用强度产生变化，而冠层郁闭度等植物群落的变化也可以改变其群体或个体周边的微环境条件，所以，太阳辐射、植物和环境的相互作用促使空气负离子的产生和增加。

公园绿地区域空气负离子空间分异特征的研究结果进一步表明，在公园绿地中，不同植物群落结构区域的空气负离子浓度：复层结构>双层结构>单层结构，乔草>乔灌>灌草；不同植物群落类型区域的空气负离子浓度：落叶阔叶林型>针叶林型>地被/草坪型>针阔叶混交型>灌木型；不同典型景观环境中的空气负离子浓度：滨水植物群落>复层结构植物群落和单层结构植物群落>滨水广场；公园绿地空气负离子浓度与郁闭度、叶面积指数呈现显著的相关关系。

由上述结果可知，公园绿地植物群落郁闭度、结构、类型在实现以生态效益为目标的绿地规划和建设过程中非常重要，而进一步定量化研究植物个体之间、植物与环境之间的相关关系对于这些应用是非常必要的。

第4章

公园绿地空气微生物效益研究

4.1 研究方法

4.1.1 样点设置

样点设置方法参见本书 2.1.1 节。

4.1.2 试验方法

采用固体撞击式多功能空气微生物检测仪（JWL- Ⅱ B 型）作为空气菌类取样仪器，操作程序及注意事项遵从仪器使用说明。

奥运森林公园样点均位于 10 m × 10 m 群落样方的中心。为排除气象因素干扰，测定时均选择晴朗、静风天气。于每个季节的试验时间取样，空气流速调整为 20 L/min，采样时间为 3 分钟，采样高度 1.3 ~ 1.5 m（人体适宜高度），测定时间为 08:00—17:00，每个样点隔 1 小时取样 1 次，重复取样 2 次，并将培养基编号处理。并在此季节第一次采样后的 3 天之内选定气象条件类似的时间重复试验 1 次。真菌取样采用沙氏培养基，采集样品后于 25 ± 1℃的培养箱内培养 72 小时；细菌取样采用牛肉膏蛋白胨培养基，采集的样品在 36 ± 1℃的培养箱内培养 48 小时后，在显微镜下观察菌落种类并计算菌落数量。

单位体积空气微生物浓度计算公式进行计算：

$$E=1000N/(A\cdot T) \tag{4-1}$$

式中：E 为单位体积内空气含菌量（CPU/m^3）；N 为培养皿中菌落平均数量（CPU）；A 为空气流速（L/min）；T 为采样时间（min）。

4.2 结果与分析

4.2.1 公园绿地空气真菌和细菌种类

表 4–1 所示为城市环境中在数量和比例上具有明显优势的空气真菌和空气细菌种类。值得说明的是，不同的地区和城市，其优势菌类有明显的差异，例如国内多数城市的优势真菌种类是芽孢杆菌属、葡萄球菌属、微球菌属和微杆菌属（方治国等，2004）。

图 4–1 是在奥运森林公园进行试验过程中发现的一些真菌种类。

城市区常见空气真菌和空气细菌种类 表 4-1

空气真菌	学名	空气细菌	学名
枝孢属	*Cladosporum*	革兰氏阳性菌	Gram–positive（英文名）
青霉属	*Penicillium*	微球菌属	*Micrococcus*
链格孢属	*Alternaria*	芽孢杆菌属	*Bacillus*
曲霉属	*Aspergillus*	葡萄球菌属	*Staphylococcus*
拟青霉属	*Paecilomyces*	放线菌属	*Actinomyces*
根霉属	*Rhizopus*	气球菌属	*Aerococcus*
毛霉属	*Mucor*	节杆菌属	*Arthrobacter*
木霉属	*Truhogerma*	短杆菌属	*Brevibacterium*
脉孢菌属	*Nearospora*	肉杆菌属	*Carnobacterium*
酵母	Yeasts（英文名）	纤维单胞菌属	*Cellulomonas*

资料来源：方治国，欧阳志云，胡利锋，等．北京市夏季空气微生物群落结构和生态分布 [J]. 生态学报，2005，25（1）：83–88。

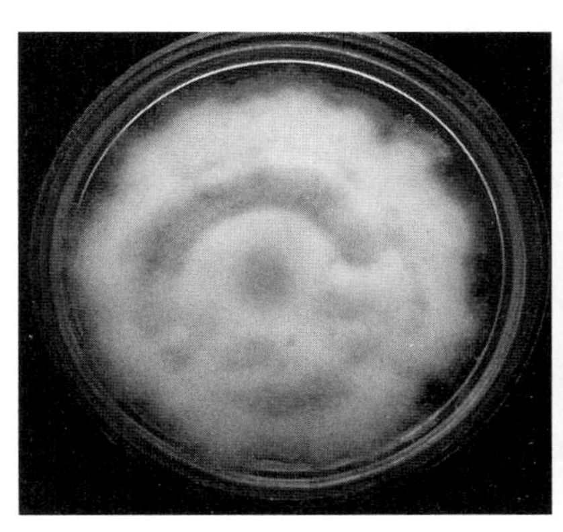

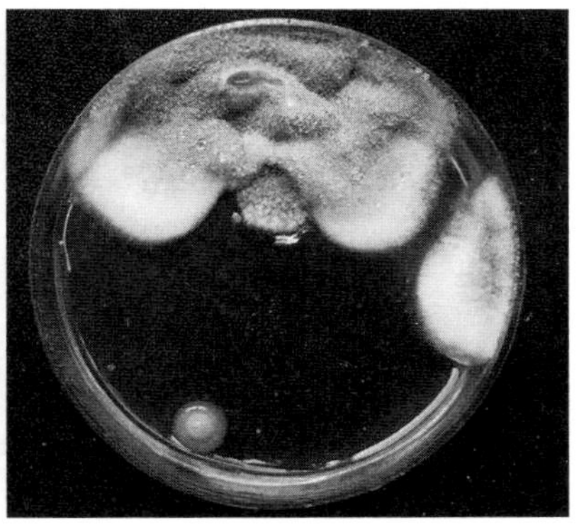

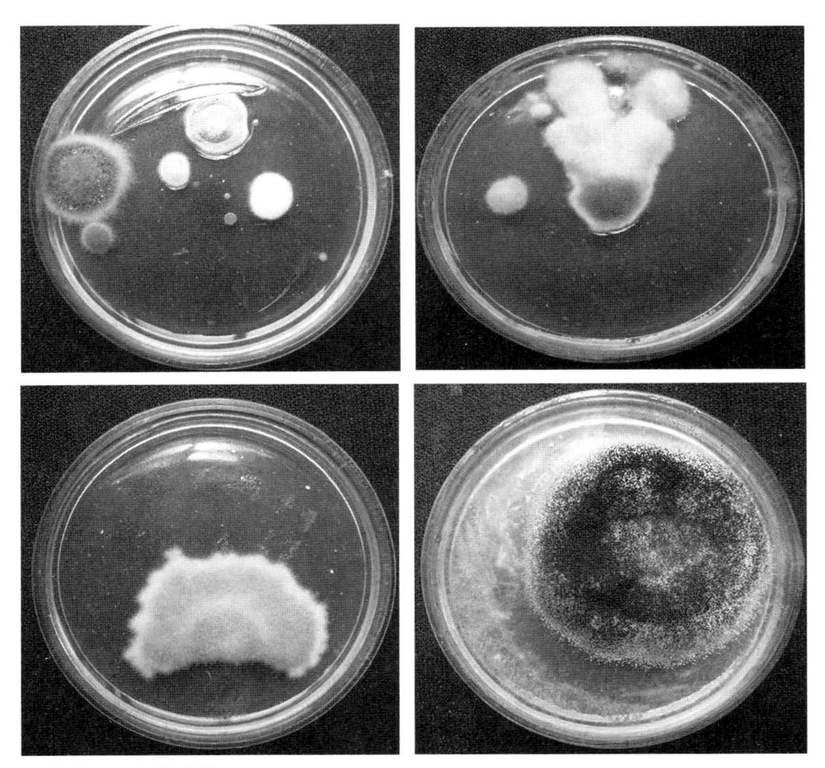

图 4-1 奥运森林公园真菌种类

4.2.2 公园绿地空气真菌和细菌粒度日变化特征

4.2.2.1 空气真菌粒度植物生长季日变化特征

图 4-2 呈现了奥运森林公园绿地样点及对照样点空气真菌粒度植物生长季的日变化特征。数据显示，奥运森林公园绿地样点真菌日均粒度为 176 CPU/m^3，显著高于对照样点的日均粒度（64 CPU/m^3）。测定时间内，公园绿地样点在真菌粒度变化趋势上体现出较为显著的变化特征，先下降后升高。其粒度在 08:00—13:00 一直呈现下降趋势，在 13:00—14:00 达到日粒度最低值后持续升高，日变化幅度达 125 CPU/m^3。而且样点真菌粒度在测量时间内的结束值要显著低于起始值（差值为 91 CPU/m^3）。对照样点真菌粒度变化趋势在测定时间内表现不显著，在 50 CPU/m^3 与 85 CPU/m^3 之间浮动。

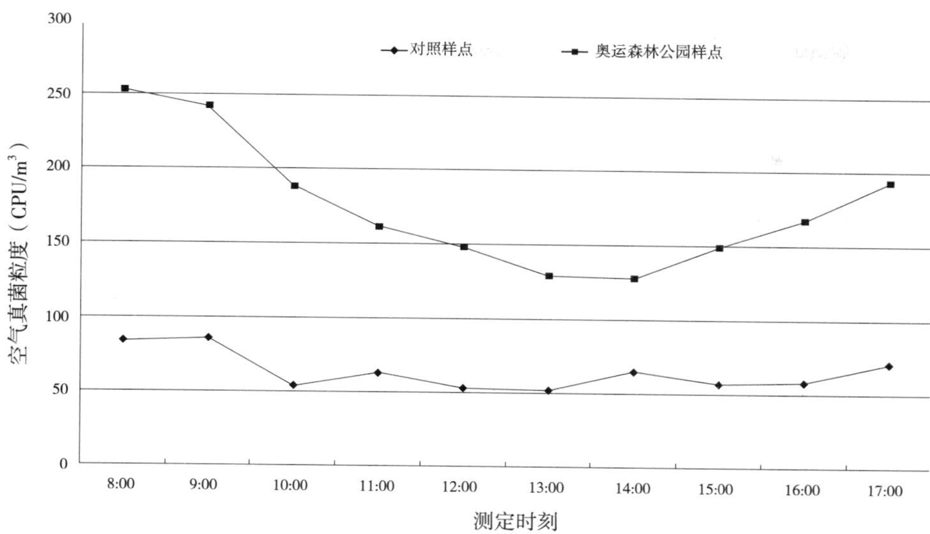

图 4-2 公园绿地样点植物生长季空气真菌粒度

4.2.2.2 空气真菌粒度非植物生长季日变化特征

图 4-3 呈现了奥运森林公园绿地样点及对照样点空气真菌粒度在非植物生长季的日变化过程。数据显示，奥运森林公园绿地样点非植物生长季空气真菌日均粒度为 111CPU/m^3，此值远低于植物生长季粒度；对照样点非植物生长季空气真菌日均粒度为 436 CPU/m^3，此值显著高于植物生长季。测定时间内，对照样点空气真菌粒度在呈现先降低后升高的趋势，具体表现为在 08:00—14:00 呈现明显的降低趋势，并且在 14:00 达到日最低值；在 14:00—17:00，空气真菌粒度呈现升高趋势，并且在测定时间内，空气真菌粒度的结束值要稍低于起始值。而奥运森林公园样点空气真菌粒度在测定时间内（08:00—17:00），呈现较为平缓的变化趋势，在 14:00 前后未出现明显的粒度峰值。

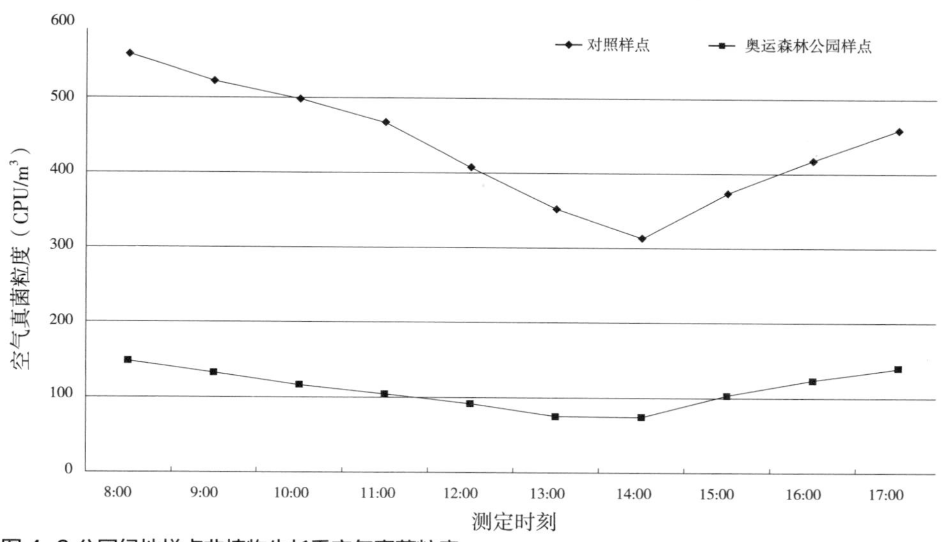

图 4-3 公园绿地样点非植物生长季空气真菌粒度

4.2.2.3 空气细菌粒度植物生长季日变化特征

图 4-4 呈现了奥运森林公园内样点与对照样点的空气细菌粒度在植物生长季的日变化过程。数据显示，公园绿地样点的空气细菌日均粒度为 97 CPU/m³，而对照样点空气细菌日均粒度为 102 CPU/m³，两者的日均粒度值接近。测定时间内，公园绿地样点空气细菌粒度呈现先升高后降低的特征，08:00—14:00，公园绿地样点空气细菌粒度呈现明显的升高趋势，在 14:00 前后达到测定日的粒度峰值，14:00—17:00，其粒度一直呈现下降趋势。对照样点空气细菌粒度在 08:00—14:00 呈现升高趋势，14:00 达到植物生长季粒度日最低值，在 14:00—17:00 呈现下降趋势。

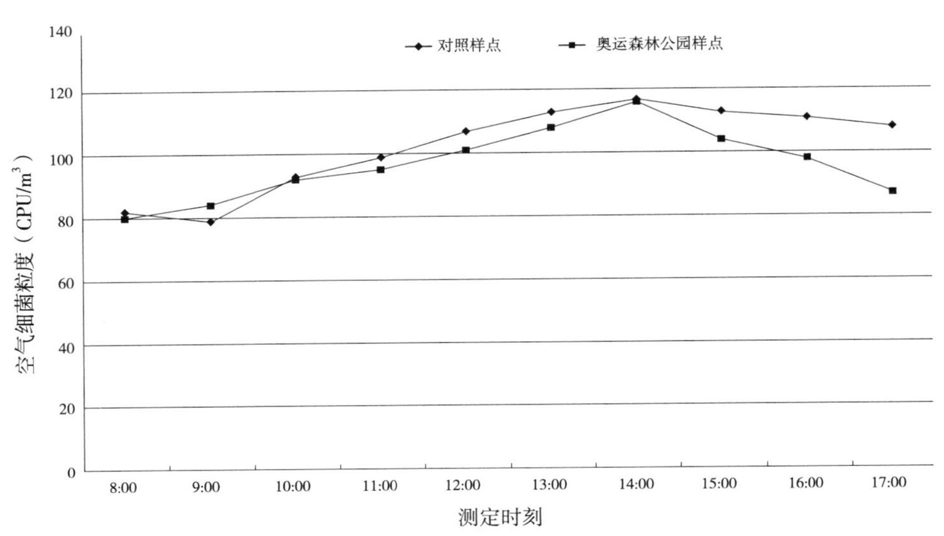

图 4-4 公园绿地样点植物生长季空气细菌粒度

4.2.2.4 空气细菌粒度非植物生长季日变化特征

图 4-5 呈现了奥运森林公园绿地样点与对照样点空气细菌粒度在非植物生长季测定日变化过程。数据显示，公园绿地样点的空气细菌粒度为 137 CPU/m³，对照样点的空气细菌粒度为 342 CPU/m³，公园绿地样点和对照样点空气细菌粒度均高于植物生长季。在测定时间内，对照样点空气细菌粒度值呈现较明显的先升高后降低的变化趋势，粒度变化幅度达 100 CPU/m³，08:00—14:00，空气细菌粒度值显著升高并于 14:00 前后达到测定时间内的粒度最高值，04:00—17:00，其粒度值呈现显著的降低趋势。公园绿地样点的空气细菌粒度在测定时间内呈现的变化趋势并不显著，在 114 CPU/m³ 和 157 CPU/m³ 之间浮动，其变化幅度为 43 CPU/m³。

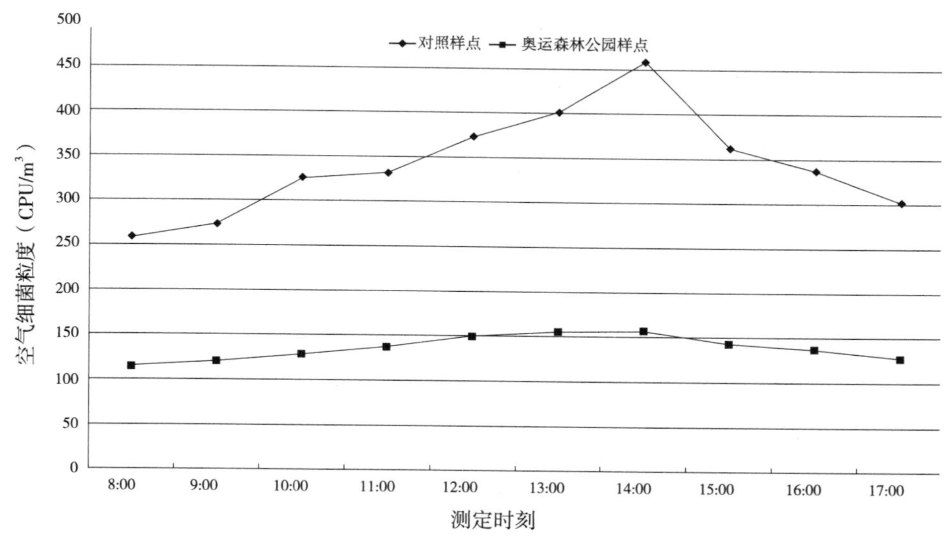

图 4-5 公园绿地样点非植物生长季空气细菌粒度

4.2.3 公园绿地空气真菌和细菌粒度季节变化特征

4.2.3.1 空气真菌粒度季节变化特征

由表 4-2、表 4-3 可以看出，奥运森林公园内的空气真菌粒度呈现较明显的季节变化特征。4 个季节相比，公园绿地夏季空气真菌粒度最高，为 114 CPU/m^3，春季空气真菌粒度最低，为 66 CPU/m^3，同时，公园绿地秋冬季节空气真菌粒度相近，分别为 87 CPU/m^3 和 90 CPU/m^3。对照样点在季节变化特征上空气真菌粒度体现出基本相同的变化特征——冬季空气真菌粒度在四季中最高，夏季其次，春季粒度最低，与此同时，秋季真菌粒度略高于春季而低于夏季。

公园绿地的空气真菌粒度平均值系通过样点间的横向对比，以说明在不同的样点基本条件下的空气真菌粒度差异。如表 4-2 所示，空气真菌粒度低于 50 CPU/m^3 的绿地样点有 2 个；介于 50~100 CPU/m^3 范围的绿地样点数量是 9 个，在所有绿地样点中占有最高的比例；高于 100 CPU/m^3 的绿地样点有 6 个。对照样点的真菌粒度为 69 CPU/m^3。

公园绿地样点不同季节空气真菌粒度（单位：CPU/m^3） 表 4-2

时间	CK	A	B	C	D	E	F	G	H	I	J	K	L	M	N	O	P	Q	季节均值
春	24	32	80	32	90	96	64	80	32	80	102	72	80	128	16	144	32	48	66
夏	72	192	128	320	64	48	368	144	48	64	42	88	160	39	96	96	64	64	114
秋	48	128	96	160	48	80	208	64	48	80	32	104	176	64	32	128	102	16	87
冬	131	112	128	144	80	64	160	48	32	32	160	16	112	112	64	64	80	48	90
年度均值	69	116	108	164	71	72	200	84	40	64	84	70	132	86	52	108	70	44	—

公园绿地样点不同季节空气真菌粒度差异显著性分析　表 4-3

	平方和（*SS*）	自由度（*df*）	均方（*MS*）	均方比（*F*）	显著性（$F_{0.05}$）
组间	20642.632	3	6880.877	1.782	0.159
组内	247126.353	64	3861.349		
总计	267768.985	67			

4.2.3.2 空气细菌粒度季节变化特征

表 4–4 呈现了奥运森林公园样点和对照样点不同季节的空气细菌粒度变化，公园绿地样点的季节差异并不显著（表 4–5），而公园绿地样点与对照样点的差异却比较显著。公园绿地 4 个季节的空气细菌平均粒度相比，春季粒度值最低，而冬季粒度值最高，空气细菌粒度值随季节变化呈现由春季到冬季逐季升高的特征。另外，表 4–4 还显示，公园绿地空气细菌年度平均粒度低于 100 的有 6 个样点；高于 200 的有 3 个样点；8 个样点粒度值介于 100 ~ 200 CPU/m^3，在所有绿地样点中占有最高的比例。对照样点的空气细菌粒度值在 300 CPU/m^3 以上，其粒度变化趋势表现为先增加后降低，在植物生长季达到其粒度峰值。

公园绿地样点不同季节空气细菌粒度　表 4-4

时间	CK	A	B	C	D	E	F	G	H	I	J	K	L	M	N	O	P	Q	季节均值
春	307	254	347	97	101	87	93	176	103	112	92	115	104	61	68	104	76	97	123
夏	331	267	372	102	113	95	114	216	116	127	84	125	114	53	64	112	68	89	131
秋	344	308	403	114	126	99	132	210	107	104	96	134	170	71	73	98	72	93	142
冬	300	285	463	132	152	113	158	207	104	97	105	152	174	87	85	168	94	105	158
年度均值	321	279	396	111	123	99	124	202	108	110	94	132	141	68	73	121	78	96	—

公园绿地样点不同季节空气细菌粒度方差分析　表 4-5

	平方和（*SS*）	自由度（*df*）	均方（*MS*）	均方比（*F*）	显著性（$F_{0.05}$）
组间	11557.103	3	3852.368	0.535	0.660
组内	460880.706	64	7201.261		
总计	472437.809	67			

4.2.4 公园绿地空气真菌和细菌粒度年度变化特征

4.2.4.1 奥运森林公园 2009 年 6 月至 2010 年 5 月空气真菌和空气细菌粒度

表 4–6 为奥运森林公园 2009 年 6 月至 2010 年 5 月的空气真菌和空气细菌测定结果，表 4–7 和表 4–8 是基于上述测定结果进行的年度内季节空气真菌和空气细菌粒度方差分析。由结果可知，年度内空气真菌粒度的季节差异性显著，且其显著性（0.044）高于年度内空气细菌粒度的季节差异性（0.191）。

公园绿地 2009 年 6 月至 2010 年 5 月空气真菌和空气细菌粒度　　表 4-6

时间	季节	真菌粒度（CPU/m^3）		细菌粒度（CPU/m^3）	
2009 年 6 月 2009 年 7 月 2009 年 8 月	夏	106 113 124	144	124 121 148	131
2009 年 9 月 2009 年 10 月 2009 年 11 月	秋	105 84 73	87	153 147 126	142
2009 年 12 月 2010 年 1 月 2010 年 2 月	冬	97 71 103	90	154 148 171	158
2010 年 3 月 2010 年 4 月 2010 年 5 月	春	87 68 73	76	140 139 162	147

公园绿地 2009 年 6 月至 2010 年 5 月空气真菌粒度方差分析　　表 4-7

	平方和（*SS*）	自由度（*df*）	均方（*MS*）	均方比（*F*）	显著性（$F_{0.05}$）
组间（季节）	2328.917	3	776.306	4.319	0.044
组内	1438.000	8	179.750		
总计	3766.917	11			

公园绿地 2009 年 6 月至 2010 年 5 月空气细菌粒度方差分析　　表 4-8

	平方和（*SS*）	自由度（*df*）	均方（*MS*）	均方比（*F*）	显著性（$F_{0.05}$）
组间（季节）	1104.250	3	368.083	2.013	0.191
组内	1462.667	8	182.833		
总计	2566.917	11			

4.2.4.2 奥运森林公园绿地 2005—2010 年空气真菌和空气细菌粒度

表 4-9 为 2005—2010 年各个季节奥运森林公园空气真菌和空气细菌的测定结果。表 4-10 和表 4-11 是奥运森林公园绿地不同季节的空气真菌和空气细菌粒度方差分析，结果表明，公园绿地的不同季节，其区域内的空气真菌粒度差异显著。

表 4-12 和表 4-13 是奥运森林公园绿地不同年度空气真菌和空气细菌粒度方差分析，结果表明，公园绿地的不同年度，其区域内的空气细菌粒度差异显著。

表 4-14 和表 4-15 是奥运森林公园绿地不同建设阶段的空气真菌和空气细菌粒度方差分析，结果表明，公园绿地建设的不同阶段，其区域内的空气细菌粒度差异显著。

图 4-6 呈现了 2005—2010 年奥运森林公园绿地空气微生物粒度四季的变化特征。春季（图 4-6a）、秋季（图 4-6c）和冬季（图 4-6d）空气细菌粒度均呈现显著的升高趋势；夏季（图 4-6b）空气真菌和细菌粒度均呈现升高的趋势。

图 4-7 呈现了 2005—2010 年奥运森林公园绿地空气微生物粒度的年度变化特征。奥运森林公园绿地区域空气细菌粒度自 2005 年以来一直呈现升高的趋势，而空气真菌粒度自 2008 年公园绿地建成以来亦呈现升高的趋势。

公园绿地 2005—2010 年空气真菌和空气细菌粒度　　表 4-9

建设阶段	年度	季节	真菌粒度（CPU/m³）		细菌粒度（CPU/m³）	
建设前	2005	春	82	94	106	93
		夏	105		85	
		秋	117		97	
		冬	73		83	
在建过程中	2006	春	87	102	114	106
		夏	132		85	
		秋	117		132	
		冬	71		92	
	2007	春	79	96	126	109
		夏	127		75	
		秋	115		138	
		冬	64		97	

续表

建设阶段	年度	季节	真菌粒度（CPU/m³）		细菌粒度（CPU/m³）	
建成后	2008	春	46	49	118	112
		夏	37		86	
		秋	41		128	
		冬	72		117	
	2009	春	66	89	123	144
		夏	114		131	
		秋	87		142	
		冬	90		178	
	2010	春	76	106	147	156
		夏	133		143	
		秋	121		124	
		冬	93		108	

公园绿地不同季节空气真菌粒度方差分析　　表 4-10

	平方和（*SS*）	自由度（*df*）	均方（*MS*）	均方比（*F*）	显著性（$F_{0.05}$）
组间（季节）	5286.125	3	1762.042	2.647	0.077
组内	13311.500	20	665.575		
总计	18597.625	23			

公园绿地不同季节空气细菌粒度方差分析　　表 4-11

	平方和（*SS*）	自由度（*df*）	均方（*MS*）	均方比（*F*）	显著性（$F_{0.05}$）
组间（季节）	3020.125	3	1006.708	1.026	0.402
组内	19629.833	20	981.492		
总计	22649.958	23			

公园绿地不同年度空气真菌粒度方差分析　　表 4-12

	平方和（*SS*）	自由度（*df*）	均方（*MS*）	均方比（*F*）	显著性（$F_{0.05}$）
组间（年度）	8489.875	5	1697.975	3.024	0.037
组内	10107.750	18	561.542		
总计	18597.625	23			

公园绿地不同年度空气细菌粒度方差分析　　表 4-13

	平方和（SS）	自由度（df）	均方（MS）	均方比（F）	显著性（$F_{0.05}$）
组间（年度）	11755.708	5	2351.142	3.885	0.015
组内	10894.250	18	605.236		
总计	22649.958	23			

公园绿地不同建设阶段空气真菌粒度方差分析　　表 4-14

	平方和（SS）	自由度（df）	均方（MS）	均方比（F）	显著性（$F_{0.05}$）
组间（建设阶段）	1612.208	2	806.104	0.997	0.386
组内	16985.417	21	808.829		
总计	18597.625	23			

公园绿地不同建设阶段空气细菌粒度方差分析　　表 4-15

	平方和（SS）	自由度（df）	均方（MS）	均方比（F）	显著性（$F_{0.05}$）
组间（建设阶段）	7746.417	2	3873.208	5.458	0.012
组内	14903.542	21	709.692		
总计	22649.958	23			

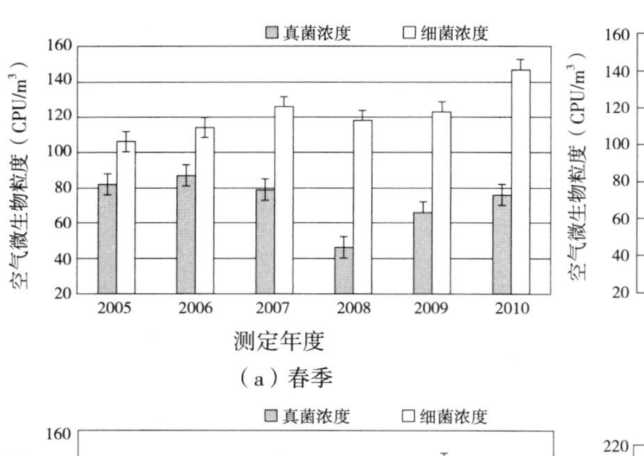

（a）春季

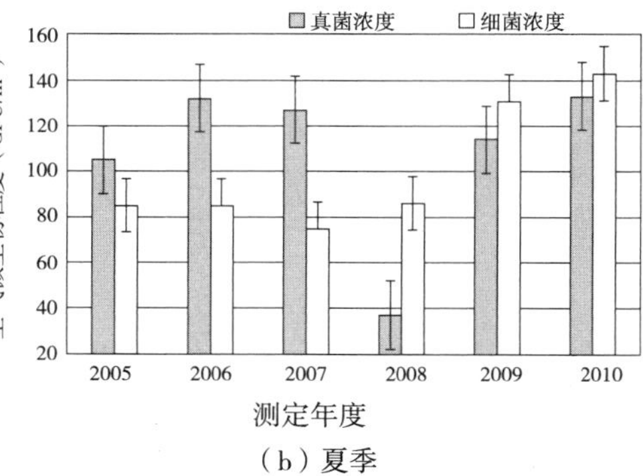

（b）夏季

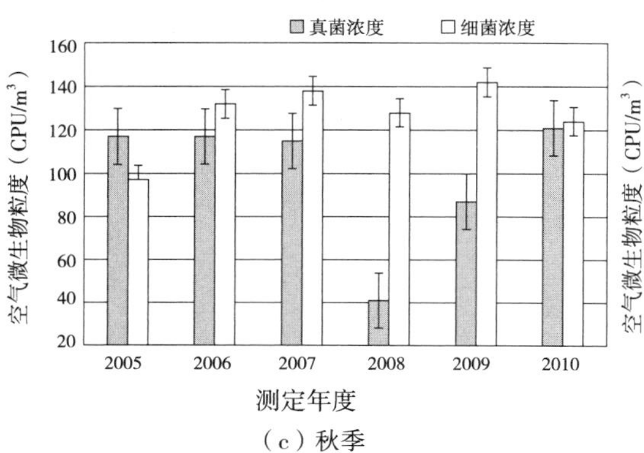

（c）秋季

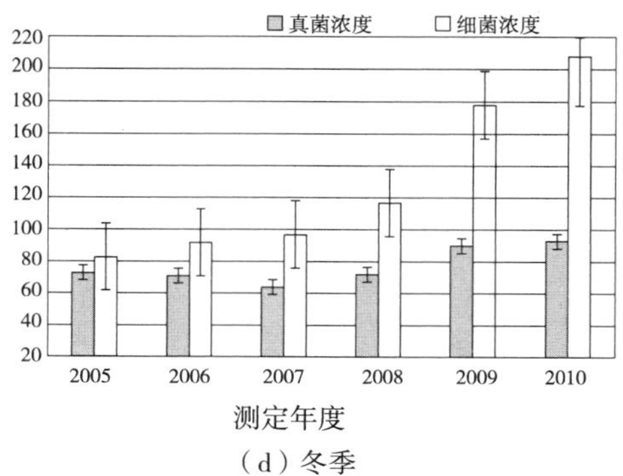

（d）冬季

图 4-6 公园绿地测定年度内不同季节的空气微生物粒度

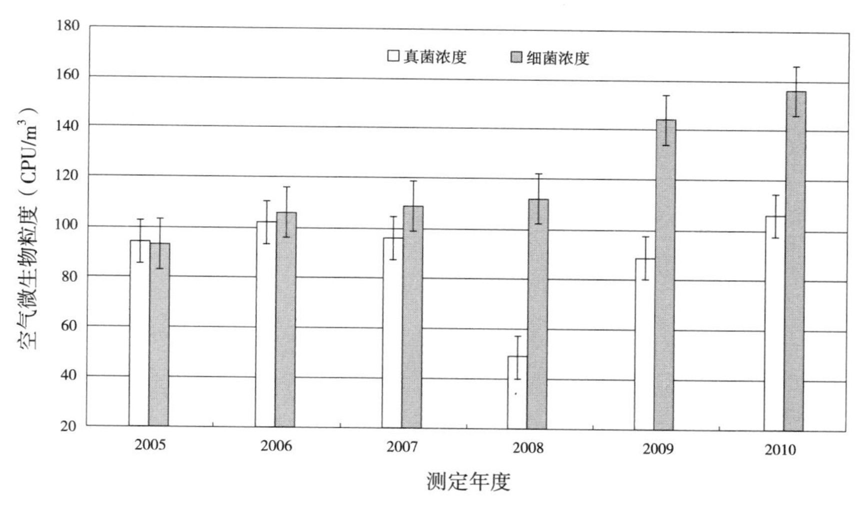

图 4-7 公园绿地测定年度空气微生物粒度

分析表明，奥运森林公园绿地不同年度的空气真菌、细菌粒度均呈现出显著的差异（$F_{0.05}$ 分别为 0.037 和 0.015）。奥运森林公园不同建设阶段的空气细菌粒度差异显著（$F_{0.05}$ = 0.012），而空气真菌粒度差异并不显著（$F_{0.05}$= 0.386）。

4.2.5 公园绿地植物群落结构与空气菌类空间分异

4.2.5.1 公园绿地植物群落结构与空气真菌粒度的相关关系

由图 4–8 和图 4–9 可知，在森林公园绿地不同群落结构类型中，乔灌草复层结构植物群落，乔草、灌草双层结构植物群落和灌木型植物群落区域具有较高的空气真菌粒度（144 CPU/m^3、128 CPU/m^3 和 144 CPU/m^3），而乔灌型、乔木型植物群落区域则具有较低的空气真菌粒度（39 CPU/m^3、48 CPU/m^3）。乔灌、乔草和灌草 3 种双层结构植物群落相比，灌草型植物群落区域具有最高的真菌粒度（144 CPU/m^3），乔灌型植物群落试验样点区域的空气真菌粒度（39 CPU/m^3）显著低于乔草、灌草两种双层结构植物群落类型。在乔木、灌木和地被 / 草坪 3 种单层群落结构区域中，地被 / 草坪型植物群落区域具有相对最高的空气真菌粒度（160 CPU/m^3），而灌木型植物群落结构区域具有较高的真菌粒度（128 CPU/m^3），乔木型植物群落区域则具有最低的真菌粒度（48 CPU/m^3）。

由方差分析结果可知，奥运森林公园绿地不同植物群落结构区域空气真菌粒度差异显著（$F_{0.05}$=0.025）。

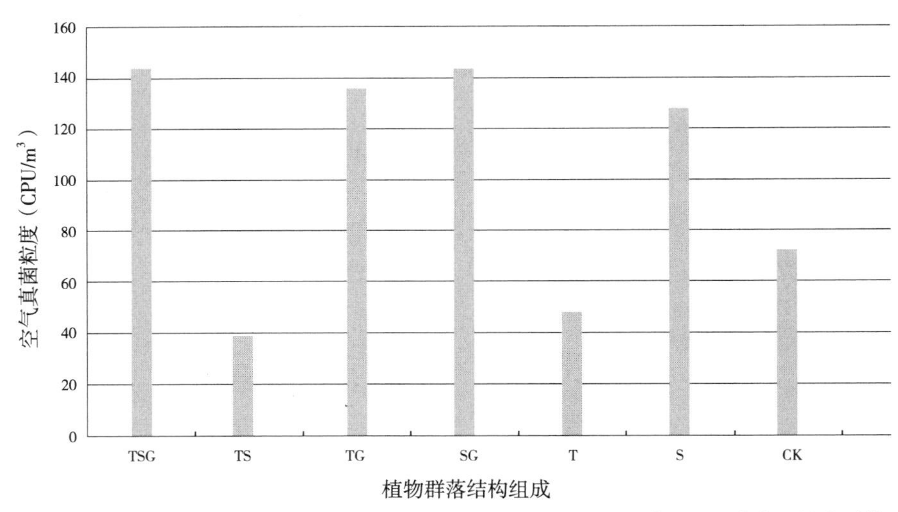

TSG—乔灌草型植物群落；TS—乔灌型植物群落；TG—乔草型植物群落；SG—灌草型植物群落；T—乔木型植物群落；S—灌木型植物群落；CK—对照（铺装地）

图 4-8 公园绿地不同植物群落结构组成区域空气真菌粒度

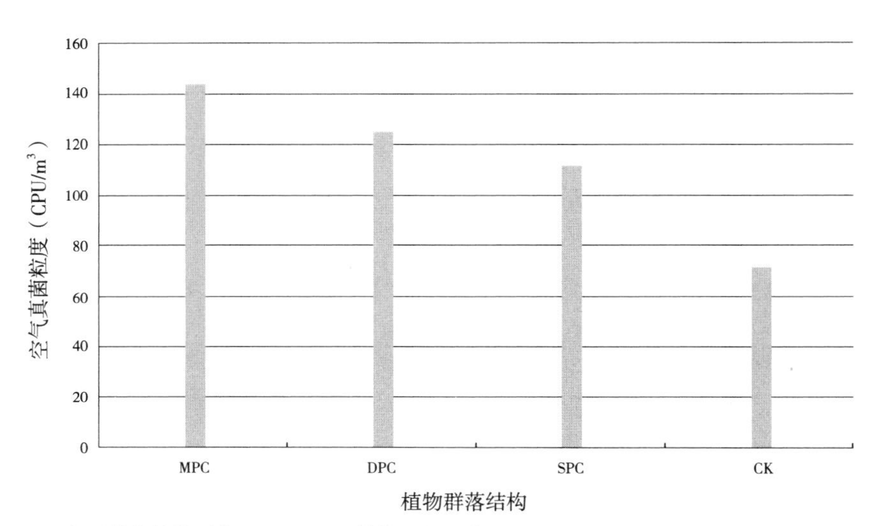

MPC—复层结构植物群落；DPC—双层结构植物群落；SPC—单层结构植物群落；CK—对照（铺装地）

图 4-9 奥运森林公园绿地不同植物群落结构区域空气真菌粒度

4.2.5.2 公园绿地植物群落结构与空气细菌粒度的相关关系

由图 4-10 和图 4-11 可知，在不同的植物群落结构组成中，灌木型植物群落区域具有最高的空气细菌粒度（372 CPU/m^3），而乔灌草复层结构植物群落及乔木型植物群落区域的空气细菌粒度数值接近且较低（分别为 98 CPU/m^3 和 95 CPU/m^3）。其他植物群落结构组成，如乔灌、乔草和灌草、乔木和地被 / 草坪型植物群落区域的空气细菌粒度数值较为接近，无显著差异。在不同群落结构条件下，单层结构植物群落区域的空气细菌粒度最高（194 CPU/m^3），而乔灌

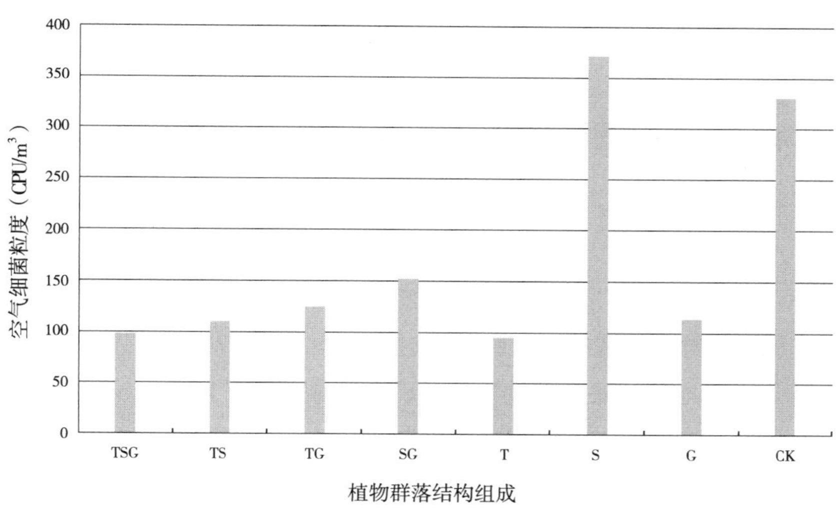

TSG—乔灌草型植物群落； TS—乔灌型植物群落；TG—乔草型植物群落；SG—灌草型植物群落；T —乔木型植物群落；S—灌木型植物群落；G—地被 / 草坪型植物群落；CK—对照（铺装地）

图 4-10 公园绿地不同植物群落结构组成区域空气细菌粒度

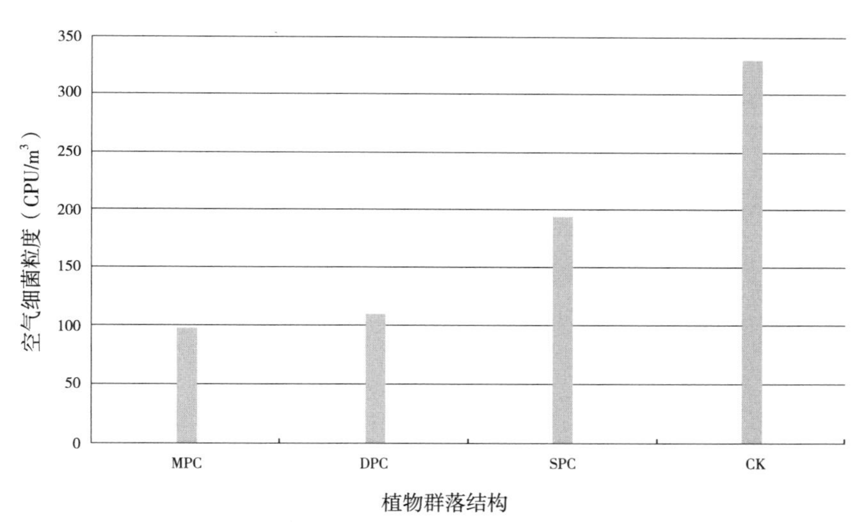

MPC—复层结构植物群落；DPC—双层结构植物群落；SPC—单层结构植物群落；CK—对照（铺装地）

图 4-11 公园绿地不同植物群落结构区域空气细菌粒度

草复层结构与双层结构植物群落区域的空气细菌粒度较为接近（分别为 98 CPU/m^3 和 110 CPU/m^3）。

4.2.6 公园绿地植物群落类型与空气菌类空间分异

4.2.6.1 公园绿地植物群落类型与空气真菌粒度的相关关系

由图 4–12 可知，针叶林型植物群落区域具有最低的空气真菌粒度（43 CPU/m^3），而落叶阔叶林型植物群落区域和地被 / 草坪型植物群落区域的空气真菌粒度（170 CPU/m^3 和 160 CPU/m^3）是前者的 4 倍左右。针阔叶混交林型植物群落区域和灌木型植物群落区域的真菌粒度居中，分别为 80 CPU/m^3 和 96 CPU/m^3。另外，奥运森林公园绿地区域除针叶林型植物群落区域外的针阔叶混交型、阔叶林型、灌木型及地被 / 草坪型 4 种典型植物群落类型区域的空气真菌粒度均显著高于对照样点。

由方差分析结果可知，奥运森林公园绿地不同植物群落类型区域的空气真菌粒度差异显著（$F_{0.05}$=0.045）。

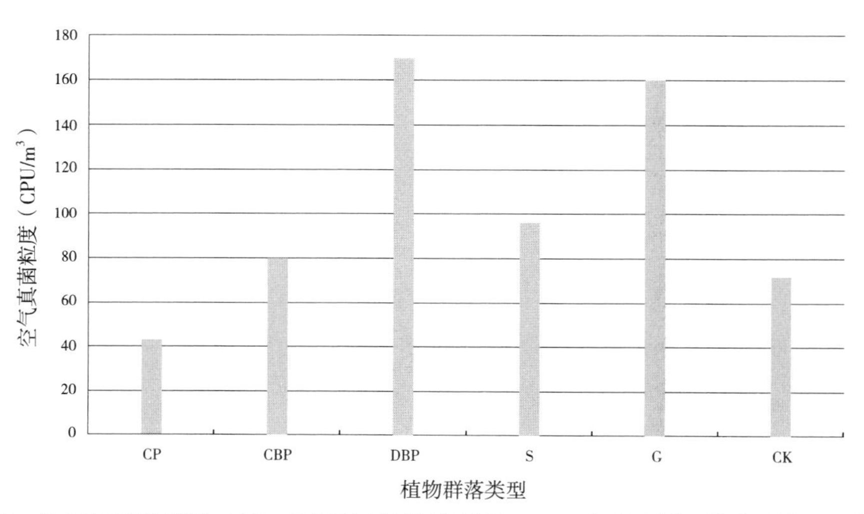

CP—针叶林型植物群落；CBP—针阔叶混交型植物群落；DBP—落叶阔叶林型植物群落；S—灌木型植物群落；G—地被 / 草坪型植物群落；CK—对照（铺装地）

图 4–12 公园绿地不同植物群落类型区域空气真菌粒度

4.2.6.2 公园绿地植物群落类型与空气细菌粒度的相关关系

由图 4–13 可知，灌木型植物群落区域具有最高的细菌粒度（208 CPU/m^3），而针叶林型植物群落区域具有最低的空气细菌粒度（77 CPU/m^3），前者是后者细菌粒度的近 3 倍。与此同时，针阔叶混交型、落叶阔叶林型和地被 / 草坪型植物群落区域的空气细菌粒度较为接近（分别为 89 CPU/m^3、125 CPU/m^3 和 114 CPU/m^3）。另外，对照样点空气细菌粒度为 331 CPU/m^3，可知奥运森林公

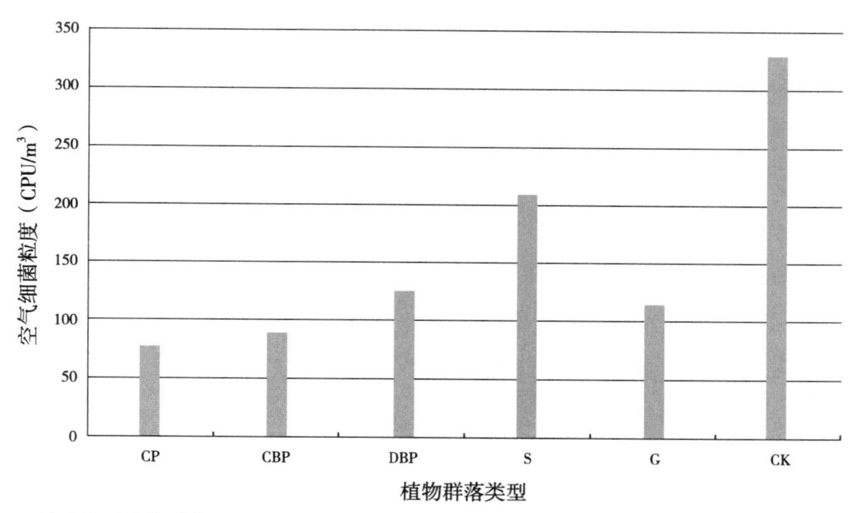

CP—针叶林型植物群落；CBP—针阔叶混交型植物群落；DBP—落叶阔叶林型植物群落；S—灌木型植物群落；G—地被 / 草坪型植物群落；CK—对照（铺装地）

图 4-13 公园绿地不同植物群落类型区域空气细菌粒度

园绿地内所有植物群落类型区域实测试验样点空气细菌粒度数据均远远低于该数值。

4.3 结论与讨论

4.3.1 公园绿地空气真菌和细菌粒度的日变化特征

奥运森林公园绿地空气菌类的植物生长季及非植物生长季日变化特征说明了空气真菌粒度与各类环境条件具有较显著的相关关系。空气温湿度及其植被郁闭度是影响公园绿地中空气真菌粒度的关键性因素，这可能与温度和环境相对湿度是影响真菌生长繁殖的重要因素有关。植物生长季 13:00—14:00 是一天中的高温干燥时段，这一时段群落内的环境条件不适于真菌生存和繁殖，因而空气真菌粒度也达到了一天中的最低值。而在非植物生长季，一天内的温湿度适宜时段呈现与植物生长季相反的特征，只有 13:00—14:00 这一时间段温度和相对湿度较为适宜，所以空气真菌粒度出现了最高值，贾丽等（2006）在对校园环境的研究中也有类似研究成果。

公园绿地样点及对照样点的植物生长季及非植物生长季空气菌类日变化特征体现了植物与环境条件对空气细菌粒度的影响规律。在植物生长季一天内的生理生化作用规律决定了植物对环境的影响也具有某种规律性。植物对环境影响的规律性也同时反映在对空气细菌的影响上，主要表现为植物生理生化速度越快则空气细菌粒度越小，反之亦然。出现这种现象的具体原因，可能与植物新陈代谢过程中分泌的挥发物质抑制细菌生长有关。植物在非生长季因为其生理生化作用停止或异常缓慢，其对环境的影响作用有限，在此情况下，空气中的细菌粒度主要受其他环境因素影响，例如空气温湿度等，具体表现为温湿度越适宜，则空气细菌粒度也相应提高。基于以上原因的分析，我们推测空气中的细菌粒度在植物生长季和植物非生长季分别受到园林植物群落和环境条件的双重影响，相对于公园绿地样点较高的植被覆盖，城市区域对照样点的空气细菌粒度没有受到高郁闭度植被的影响，因而表现出与前者截然不同的特征。

4.3.2 公园绿地空气真菌和细菌粒度的季节变化特征

空气真菌粒度变化呈现明显的季节变化特征缘于植物郁闭度、林下凋落物状况和环境条件。研究中发现，植物群落间真菌粒度在植物生长季为最高，而植物非生长季其粒度有不同程度的下降，这主要是因为植物生长季空气温湿度条件适宜，群落间较多的林下凋落物腐败而致使真菌大量孳生。与此同时，茂密的林间植被和深厚的林下凋落物能够大大增加空间中的真菌粒度。植物生长季样点间横向比较，多数植被郁闭度比较高的样点，其空气真菌粒度要高于郁闭度低的样点，这说明高的植被郁闭度导致了高的空气真菌粒度，这与方治国等人（2005）的研究结果相同。另外，在郁闭度相同的条件下，针叶林型植物群落与阔叶林型植物群落区域空气真菌粒度尚无明显差异，此结果与贾丽等人（2006）的研究结果不完全一致，这可能与目前奥运森林公园区域针叶树规格较小、生长势不强、尚不能对环境中的菌类产生明显的抑制作用有关。

测定年度间，样点与对照样点的年度空气真菌粒度值分布说明了真菌粒度与植被生长有着密切的关系。多数样点空气真菌粒度较高说明植物的生长发育可以导致空气真菌大量存在于空气中，而少数样点的空气真菌粒度值较低说明恶劣的城市环境不利于真菌生存，例如样点 H 和 I 位于城市主路边，污染严重致使空气真菌粒度值较低（欧阳友生等，2003）。部分样点的空气真菌粒度值与对照样点位于同一范围原因可能是植物的规格尚小，其对环境的影响力尚不能完全发挥。所以，持续的监测研究和进一步的试验对于探求其中的相关规律非常重要。

空气细菌粒度的季节性变化规律与环境条件和植物的净菌能力有着密切的关系。根据方治国等人（2004）的研究，针叶树净菌能力在 8 月份前后最强，并且在冬季对空气细菌亦有一定的净化作用，相比之下，阔叶树种净菌能力在 6 月份前后最强，冬季对空气细菌无净化作用。Bovallius 等（1978）在瑞典首都及其附近的乡村地区连续 3 天观察了空气中微生物（空气细菌）数量的浓度变化后提出，在乡村中空气微生物数量随着季节明显变化，平均最高粒度出现于夏季(6—8 月)，其次是秋季（9—11 月），冬季最低（12 月—次年 2 月），该试验结论与本书试验结果基本相同。本研究结果表明，阔叶树种和针叶树种在 5—7 月净化细菌的能力最强，所以奥运森林公园内多数阔叶林型植物群落及针阔叶混交型植物群落样点的细菌粒度呈现逐季升高的特点，少数针叶林型植物群落样点细菌粒度呈现夏季降低而后升高的特点。由样点间横向对比结果可知，同样郁闭度的条件下，针叶树对空气细菌粒度的消减影响要高于阔叶树，而且针叶树种的差异也能够影响空气细菌粒度的消减强度。

4.3.3 公园绿地空气真菌和细菌粒度的年度变化特征

自奥运森林公园建设以来的空气真菌粒度差异显著主要原因是植被数量的变化和其他因素。植被数量的增加以及植物本身的生长都可以增加其生存空间内的空气真菌数量。2005—2008 年的空气真菌增加主要原因是公园场地内植被数量和种类的大量增加，而 2008—2010 年的空气真菌增加则是因为植物的生长。2008 年植物生长季空气真菌粒度出现显著的低值可能与园区内较多的人为干预造成原生地被较少有关，另外，2008 年北京市采取的临时性管制措施（例如机动车限号出行等）致使空气质量好转，进而减少了空气中的真菌粒度。

2009 年 6 月至 2010 年 5 月的测量结果也证明了夏季（植物生长季）公园绿地空气真菌粒度显著高于其他季节，这正是因为植物的影响。空气真菌粒度在年度内的季节差异显著性要高于空气细菌粒度，说明空气真菌容易受到环境条件的影响，植被的多寡、环境温度与湿度的变化都可能影响其粒度。而空气细菌粒度的影响因素在本研究看来主要决定于植物体本身，可能植物个体的新陈代谢产物能够影响空气细菌粒度。自奥运森林公园建设以来空气细菌粒度变化显著，主要原因是公园的建立以及植被量的增加在一定程度上使环境质量好转从而控制了空气中细菌的数量。这一结论与方治国等（2005）的研究结论相近，他们通过对北京市不同区域样点的空气微生物取样调研后发现，空气质量是影响空气中细菌含量（粒度）的因素之一，因而在交通枢纽地区（如西直门立交桥）空气细菌粒度非常低。

4.3.4 公园绿地植物群落结构、类型与空气菌类空间分异

针对城市公园绿地植物群落类型的试验结果显示，针叶林型植物群落区域的空气真菌、细菌粒度均较低，该结果与目前国内外已经广泛开展并得到的试验结果基本一致。相关研究认为，仍然生长和已经死亡的植物体本身是空气真菌的最主要来源。但自然地域（森林）及城市环境（各类城市绿地）中的各类植物均能够通过自身分泌的芳香类物质抑制或直接杀灭空气菌类（实质上这是植物的一种自我保护机制），这一功能以常绿针叶树种最为显著，而落叶阔叶树的此种功能则相对较弱。另外，植物群落抑制其生活空间内真菌粒度的效率与其生长状态有显著相关关系，生长势较强的植物群落区域该功能显著，反之则不显著。若试验样点的落叶阔叶树木绝大多数为新栽植，生长势尚未完全恢复（裸根移植）且普遍种植密度较大，造成群落内通风不畅，则可能是该植物群落类型区域空气真菌、细菌粒度较高的主要原因之一。灌木型植物群落、地被/草坪型植物群落类型区域具有最高的空气真菌、细菌粒度，可能与此类植被类型的单位面积绿量少、生态效益有限有关。上述试验结果为城市绿地规划和设计及更新实践中各植物群落的功能认识和布局比例提供了一定的科学依据。

城市公园绿地植物群落结构的试验结果总体趋向于：植物群落结构层次越复杂，例如拥有较多林下植物层次的乔灌草复层结构植物群落，其群落区域中的空气真菌粒度越高；群落结构相对简单，没有或有较少林下植物层次的单层乔木或灌木，其空气真菌粒度偏低。但空气细菌粒度与植物群落结构的空间相关性却呈现相反的情形，即相对复杂的乔灌草复层结构植物群落区域的空气细菌粒度最低，而相对简单的单层结构植物群落区域却有较高的空气细菌粒度。该结果在一定程度上印证了植物本身是空气真菌的一个重要来源但同时又对空气细菌的繁殖和生长有抑制作用。前期研究认为，本着增加城市空间三维绿量的目的，强调在城市区域营建乔灌草复层结构植物群落景观，那么基于本试验的结果，这一建议应该慎用，或者在营建乔灌草复层结构植物群落的同时要增加群落区域的通风透光条件，促进该区域的空气真菌快速扩散，降低对城市人群（主要是亚健康人群及易感病性人群）健康的潜在不良影响（因为若城市绿地空气中含有较高粒度或较复杂类别的空气真菌，就会在一定程度上存在增加危险的致病源或传播疾病的媒介的可能性）。另外，在城市各类型的绿地中，为达到快速实现绿化景观效果而密植的园林植物群落，由于其内部空气不流通或林下残存较多的枯枝败叶，很有可能产生较多种类和数量的真菌或为真菌的

孳生创造条件。

基于上述试验结果，针对乔灌草复层结构植物群落与空气真菌、细菌粒度的“双刃剑”相关关系情形，研究建议在城市绿地的规划设计与更新优化实践中，应在针对城市区域和建筑（群）环境特征及景观需求进行深入分析的基础上精细化、差异化地进行园林植物景观规划设计，以满足人们的景观需求并充分发挥每一种植物群落结构和类型的功能，从而做到真正的“因地制宜”；针叶林型植物群落区域对所有的空气菌类都能够起到显著的抑制作用，这一发现为功能性植物群落的建设提供了依据。另外，单层结构的地被 / 草坪型植物群落具有不显著的生态效益，因而在之后的绿地规划和建设中应控制该植物群落类型的比例和数量。

城市绿地自诞生之日起即担负实现城市人居环境清洁健康的使命。要实现这一使命，常识或经验可以借鉴，但必要的基础研究不可或缺。在关注与研究过程中，集成不同学科方向的成果，形成城市绿地的地域性、文化型及功能型植被规划设计科学依据，这既是风景园林询证设计的一个必要的基本过程，也有益于创建能够实现公共健康的城市人居环境。

4.4 本章小结

奥运森林公园内的空气真菌及细菌粒度日变化说明环境条件和植被之间的相互作用、植被本身的作用共同决定了菌类的日变化特征。

植物群落本身的季节性变化、林下凋落物状况以及季节性的环境条件、植物群落形成的微环境条件都可能影响空气微生物的季节性变化特征。

不同的园林植物群落结构区域的微生物粒度差异显著，但复杂群落结构和简单群落结构对于不同的微生物粒度产生了相对差异较大的影响，这就要求我们在具体的植物群落规划实践中应该根据环境的需要进行巧妙安排，以充分发挥每一种群落结构的功能。

针叶林型群落区域对所有的空气菌类都能够起到显著的抑制作用；乔灌草复层植物群落结构具有最高的空气真菌粒度和较低的空气细菌粒度。这一发现为功能性植被建设提供了依据。另外，本研究发现单层结构的地被 / 草坪型植物群落具有不显著的生态效益，因而在今后的绿地规划和建设中应该控制其比例和数量。

在公园建设过程中的不同阶段，空气微生物的粒度差异较为显著，这说明了公园绿地确实对于区域环境起到了一定的作用。但通过试验数据发现这一作用是一把双刃剑，在抑制空气细菌粒度的同时，增加了空气中真菌含量，如何通过卓有成效的园区后期经营管理使公园绿地对于微生物的影响能够扬长避短，是公园绿地后续研究的课题之一。

第5章

公园绿地 $PM_{2.5}$-O_3 复合污染空间分异特征研究

5.1 研究方法

5.1.1 样点设置

法样点设置方法参见本书 2.1.1 节。

5.1.2 试验方法

试验仪器为 6 台室外空气品质测试仪（瑞典产，型号为 SWEMA TF-9），该仪器除进行 $PM_{2.5}$ 和 O_3 测定外，还可以同时并线采集及记录存贮 PM_{10} 和 CO_2 浓度、空气温度和相对湿度数据（仪器参数信息见表 5-1）。实测中，每个指标数据设定 3 个重复；试验在 2020 年 8 月 10—25 日的 3 天内完成，气象条件为晴朗（云量不高于 30%）、静风（风速 3 ~ 4m/s 以内）并避开降雨天气（如遇降雨天气，试验延后 3 天进行），试验前期以实地调研方式获得绿地群落样方的优势种株高、胸径、冠幅、冠层高度及郁闭度等绿地植物群落特征参数，并以 CI-110 植物冠层图像分析仪测定群落的叶面积指数等植物群落量化参数。

试验仪器参数信息　　表 5-1

仪器名称	测定项目	测定值范围	测定精度
室外空气品质测试仪（瑞典产，型号为 SWEMA TF-9）	$PM_{2.5}$	0 ~ 1000μg/m³	±10% 读数值
	O_3	0 ~ 1200μg/m³	±20μg/m³+ 读数的 10%
	PM_{10}	0 ~ 2000μg/m³	±10% 读数值
	CO_2	350 ~ 2000ppm	±50ppm+3% 读数值
	空气温度	-20 ~ 50℃	<±0.5℃
	空气相对湿度	0 ~ 99%	<±3.5%

5.1.3 数据分析方法

5.1.3.1 数据统计方法

样点实测过程中，仪器自动记录并存储测定数据。数据分析中，用 8:00—18:00 连续 10 小时监测中的 8:50—9:10（8:50、8:55、9:00、9:05、9:10 间隔 5 分钟共 5 次取值，以下同）、13:20—13:40、17:20—17:40 时段，间隔 5 分钟自动记录的 5 次数值取算术平均值分别指代奥运森林公园绿地 $PM_{2.5}$-O_3 复合污染浓度上午瞬时值、中午瞬时值和下午瞬时值。以对照样点数据指示城市区域环境本底 $PM_{2.5}$-O_3 复合污染浓度数据。

5.1.3.2 空气质量评价方法

根据《环境空气质量标准》GB 3095—2012，空气质量指数（air quality index，AQI）是一个用来定量描述空气质量水平的数值，其等级划分为：优（AQI ≤ 50）、良（50<AQI ≤ 100）、轻度污染（100<AQI ≤ 150）、中度污染（150<AQI ≤ 200）、重度污染（200<AQI ≤ 300）、严重污染（AQI>300）。该空气质量评价基础数据取自于 8:00—18:00 连续 10 小时每间隔 10 分钟的自动记录数据（合计 76 次）。

我国目前尚无正式的空气质量指数标准，但《环境空气质量标准》中的 $PM_{2.5}$ 和 O_3 浓度值可用来评价奥运森林公园绿地内不同植物群落试验区域的空气质量水平。

空气质量指数的计算公式如下：

$$I=\frac{I_{high}-I_{low}}{C_{high}-C_{low}}(C-C_{low})+I_{low} \quad (5\text{-}1)$$

式中：I 为空气质量指数，即 AQI，输出值；C 为 $PM_{2.5}$ 和 O_3 浓度日均值，为输入值；I_{low} 为对应 C_{low} 的指数限值，常量；I_{high} 为对应 C_{high} 的指数限值，常量；C_{low} 为小于或等于 C 的质量浓度限值，常量；C_{high} 为大于或等于 C 的质量浓度限值，常量。

5.2 结果与分析

5.2.1 公园绿地植物群落与 $PM_{2.5}$ 空间分异

5.2.1.1 公园绿地植物群落结构与 $PM_{2.5}$ 浓度及空气质量评价指数（AQI）

图 5–1 所示为奥运森林公园绿地内不同植物群落结构区域试验样点的上午、中午和下午瞬时 $PM_{2.5}$ 浓度。上午瞬时，地被 / 草本型植物群落结构区域 $PM_{2.5}$ 浓度最高（高于 $50\mu g/m^3$），其他群落结构区域 $PM_{2.5}$ 浓度均低于 $50\mu g/m^3$，其中，乔灌型植物群落结构区域 $PM_{2.5}$ 浓度最低（且与其他群落结构差异显著）。中午瞬时至下午瞬时，乔灌草型、乔灌型植物群落结构区域的 $PM_{2.5}$ 浓度保持稳定并有一定降幅，但其他植物群落结构区域的 $PM_{2.5}$ 浓度呈现逐渐增加的趋势且均高于 $50\mu g/m^3$。图 5–2 所示为奥运森林公园绿地内不同植物群落结构区域试验样点以 $PM_{2.5}$ 浓度为标示的空气质量评价值比较。其中，乔灌草型、乔草型和乔灌型植物群落结构区域的 $PM_{2.5}$ 浓度低于 $50\mu g/m^3$（空气质量为“优”），而其他群落结构区域的空气质量为“良”。

5.2.1.2 公园绿地植物群落类型与 $PM_{2.5}$ 浓度及空气质量评价指数（AQI）

图 5–3 所示为奥运森林公园绿地内不同植物群落类型区域试验样点的上午、中午和下午瞬时 $PM_{2.5}$ 浓度。3 个瞬时值之间比较，$PM_{2.5}$ 浓度自上午至下午呈现缓慢增加趋势。针叶林型、针阔叶混交型和阔叶林型植物群落区域 $PM_{2.5}$ 浓度的 3 个 $PM_{2.5}$ 瞬时值均低于 $50\mu g/m^3$，而灌木型植物群落区域的中午和下午瞬时值以及草本地被区域 $PM_{2.5}$ 浓度 3 个瞬时值均高于 $50\mu g/m^3$。

图 5–4 所示为奥运森林公园绿地内不同植物群落类型区域试验样点以 $PM_{2.5}$ 浓度为标示的空气质量评价值比较。针叶林型、针阔叶混交型和落叶阔叶林型植物群落区域 $PM_{2.5}$ 浓度低于 $50\mu g/m^3$，空气质量评价为“优”。

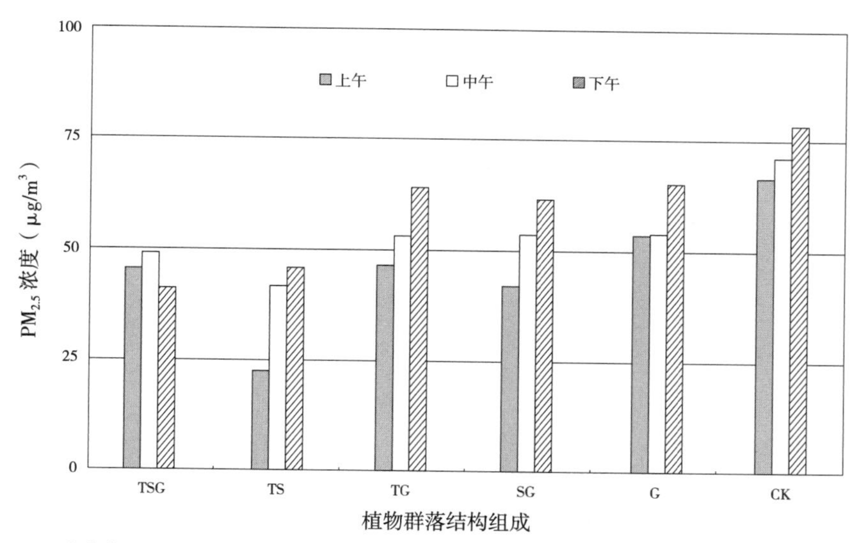

TSG—乔灌草型植物群落；TS—乔灌型植物群落；TG—乔草型植物群落；SG—灌草型植物群落；G—地被 / 草坪型植物群落；CK—对照（铺装地）

图 5-1 公园绿地植物群落结构区域 $PM_{2.5}$ 浓度瞬时值

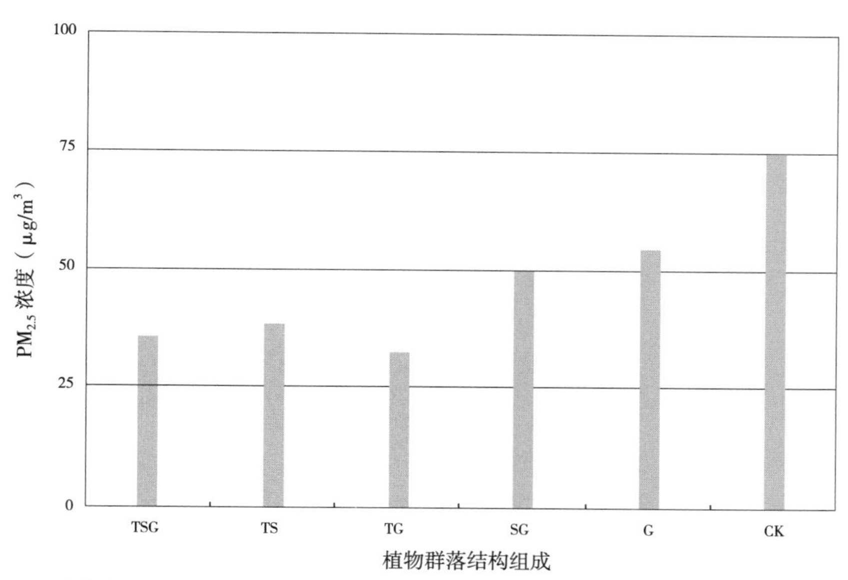

TSG—乔灌草型植物群落；TS—乔灌型植物群落；TG—乔草型植物群落；SG—灌草型植物群落；G—地被 / 草坪型植物群落；CK—对照（铺装地）

图 5-2 公园绿地植物群落结构区域空气质量评价指数 AQI（以 $PM_{2.5}$ 浓度为标示）

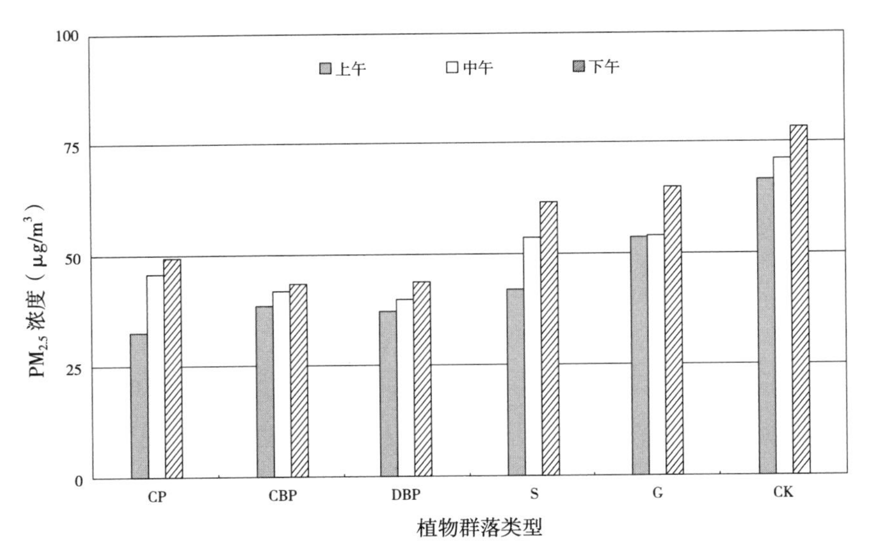

CP—针叶林型植物群落；CBP—针阔叶混交型植物群落；DBP—落叶阔叶林型植物群落；S—灌木型植物群落；G—地被 / 草坪型植物群落；CK—对照（铺装地）

图 5-3 公园绿地植物群落类型区域 $PM_{2.5}$ 浓度瞬时值

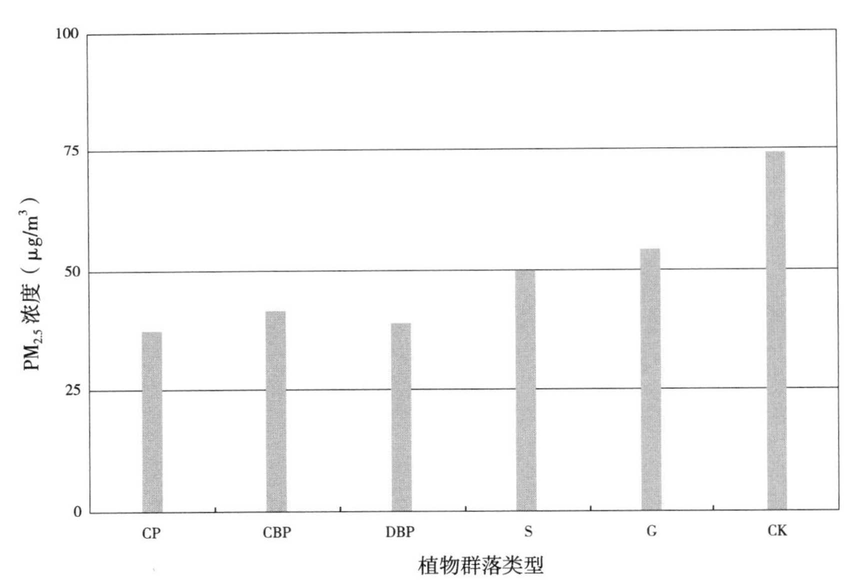

CP—针叶林型植物群落；CBP—针阔叶混交型植物群落；DBP—落叶阔叶林型植物群落；S —灌木型植物群落；G—地被 / 草坪型植物群落；CK—对照（铺装地）

图 5-4 公园绿地植物群落类型区域空气质量评价指数 AQI（以 $PM_{2.5}$ 浓度为标示）

5.2.1.3 公园绿地典型景观环境与 $PM_{2.5}$ 浓度及空气质量评价指数（AQI）

图 5-5 所示为奥运森林公园绿地内典型景观环境区域试验样点的上午、中午和下午瞬时 $PM_{2.5}$ 浓度。3 个瞬时值之间比较，多数景观环境区域的 $PM_{2.5}$ 浓度自上午至下午呈现缓慢增加趋势，仅复层结构植物群落区域 $PM_{2.5}$ 浓度呈现先增加后下降的特点。所有景观环境区域的 $PM_{2.5}$ 浓度上午瞬时值均低于 50 μg/m³，复层结构植物群落和滨水植物群落区域 3 个瞬时 $PM_{2.5}$ 浓度值均低于 50 μg/m³。综合比较而言，公园绿地内 $PM_{2.5}$ 浓度显著低于对照样点。

图 5-6 所示为奥运森林公园绿地内典型景观环境区域试验样点以 $PM_{2.5}$ 浓度为标示的空气质量评价值比较。绿地内典型环境间比较，单层结构植物群落区域环境的空气质量评价为“良”，其他典型环境均为“优”。综合比较，奥运森林公园绿地内空气质量评价指数优于对照样点。

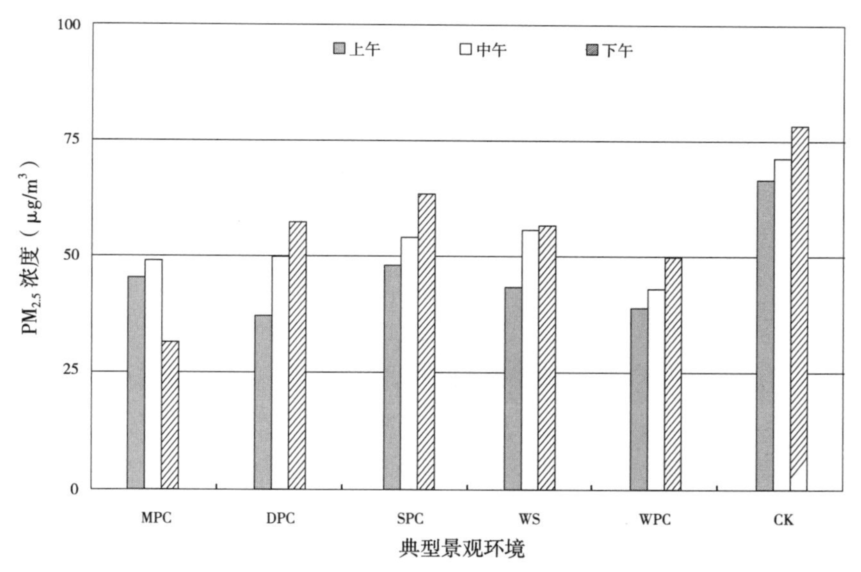

MPC—复层结构植物群落；DPC—双层结构植物群落；SPC—单层结构植物群落；WS—滨水广场；WPC—滨水植物群落；CK—对照（铺装地）

图 5-5 公园绿地典型景观环境区域 $PM_{2.5}$ 浓度瞬时值

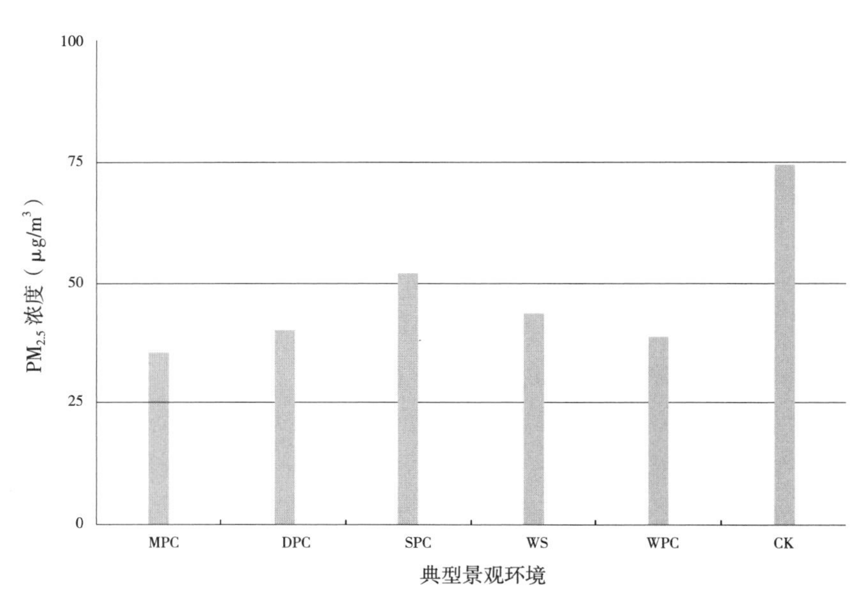

MPC—复层结构植物群落；DPC—双层结构植物群落；SPC—单层结构植物群落；WS—滨水广场；WPC—滨水植物群落；CK—对照（铺装地）

图 5-6 公园绿地典型景观环境区域空气质量评价指数 AQI（以 $PM_{2.5}$ 浓度为标示）

5.2.2 公园绿地植物群落与 O_3 空间分异

5.2.2.1 公园绿地植物群落结构与 O_3 浓度及空气质量评价指数（AQI）

图 5-7 所示为奥运森林公园绿地内不同群落结构区域试验样点的上午、中午和下午瞬时 O_3 浓度。3 个瞬时值之间比较，所有植物群落结构区域的 O_3 浓度自上午至下午呈现增加趋势，其中上午瞬时至中午瞬时增加幅度较大而中午瞬时至下午瞬时增加幅度较小。所有植物群落结构区域的 O_3 浓度上午瞬时值均低于 100μg/m³，而中午和下午瞬时值均高于 100μg/m³。图 5-8 所示为奥运森林公园绿地内不同植物群落结构区域试验样点以 O_3 浓度为标示的空气质量评价值比较。综合比较而言，绿地内不同群落结构间的 O_3 浓度差异并不显著，绿地内 O_3 浓度略低于对照样点，但未呈现显著差异，均为“轻度污染”。

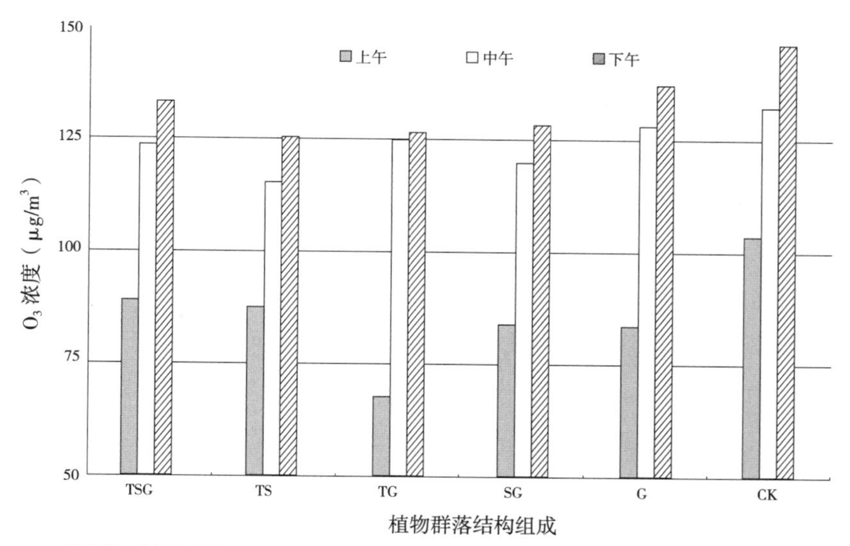

TSG—乔灌草型植物群落；TS—乔灌型植物群落；TG—乔草型植物群落；SG—灌草型植物群落；G—地被 / 草坪型植物群落；CK—对照（铺装地）

图 5-7 公园绿地植物群落结构区域 O_3 浓度瞬时值

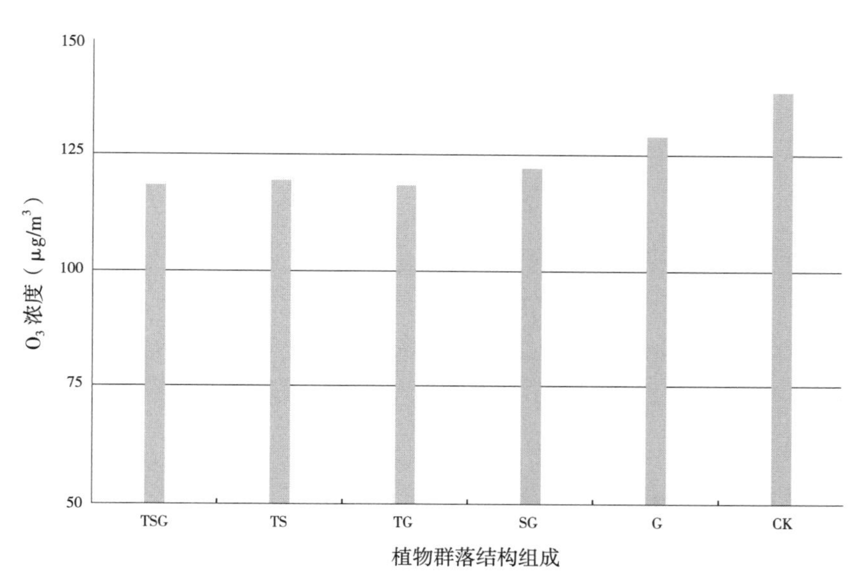

TSG—乔灌草型植物群落；TS—乔灌型植物群落；TG—乔草型植物群落；SG—灌草型植物群落；G—地被 / 草坪型植物群落；CK—对照（铺装地）

图 5-8 公园绿地植物群落结构区域空气质量评价指数 AQI（以 O_3 浓度为标示）

5.2.2.2 公园绿地植物群落类型与 O_3 浓度及空气质量评价指数（AQI）

图 5-9 所示为奥运森林公园绿地内不同植物群落类型区域试验样点的上午、中午和下午瞬时 O_3 浓度。3 个瞬时值之间比较，O_3 浓度自上午至下午呈现增加趋势，其中，针叶型植物群落、针阔叶混交型植物群落和落叶阔叶型植物群落区域 O_3 浓度上午瞬时的初始值较高（高于 100μg/m³），而后至下午瞬时缓慢增加；灌木型、地被 / 草坪型两种植物群落类型区域 O_3 浓度上午瞬时的初始值较低（低于 100μg/m³）自上午至中午瞬时浓度增幅较大，而中午至下午增幅较小。综合而言，所有植物群落类型区域 O_3 浓度中午和下午瞬时值未呈现显著差异。图 5-10 所示为奥运森林公园绿地内不同植物群落类型区域试验样点以 O_3 浓度为标示的空气质量评价值比较。总体而言，绿地内不同植物群落类型区域空气质量之间未呈现显著差异。绿地内空气质量虽略高于对照样点，但仍未呈现显著差异，空气质量评价均为“轻度污染”。

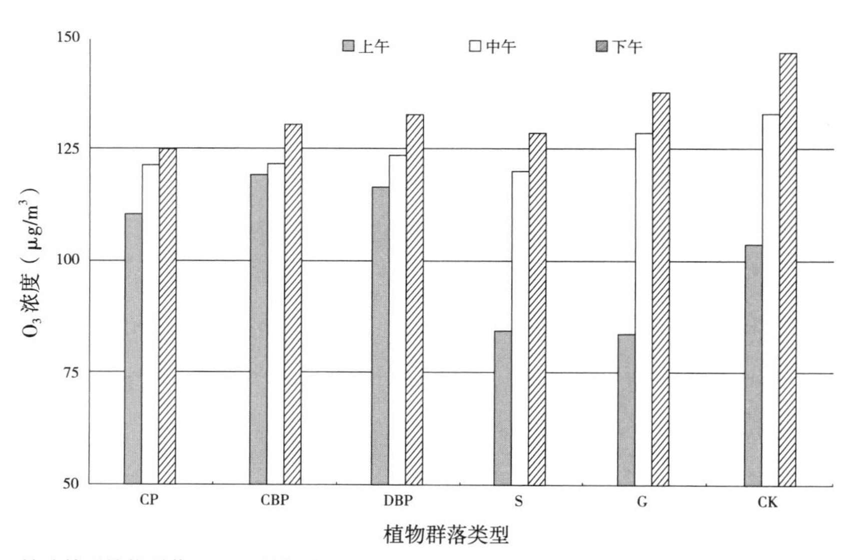

CP—针叶林型植物群落；CBP—针阔叶混交型植物群落；DBP—阔叶林型植物群落；S—灌丛型植物群落；G—地被 / 草坪型植物群落；CK—对照（铺装地）

图 5-9 公园绿地植物群落类型区域 O_3 浓度瞬时值

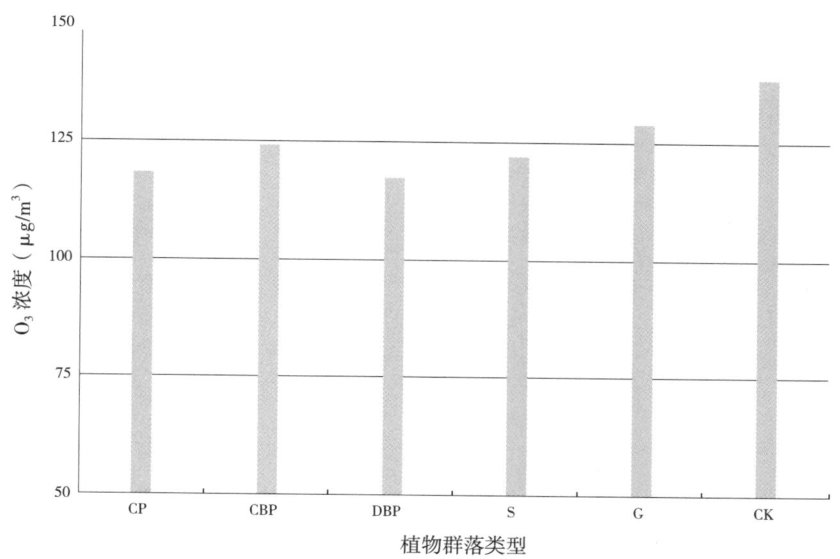

CP—针叶林型植物群落；CBP—针阔叶混交型植物群落；DBP—阔叶林型植物群落；S—灌丛型植物群落；G—地被 / 草坪型植物群落；CK—对照（铺装地）

图 5-10 公园绿地植物群落类型区域空气质量评价指数 AQI（以 O_3 浓度为标示）

5.2.2.3 公园绿地典型景观环境与 O_3 浓度及空气质量评价指数（AQI）

图 5-11 所示为奥运森林公园绿地内典型景观环境区域试验样点的上午、中午

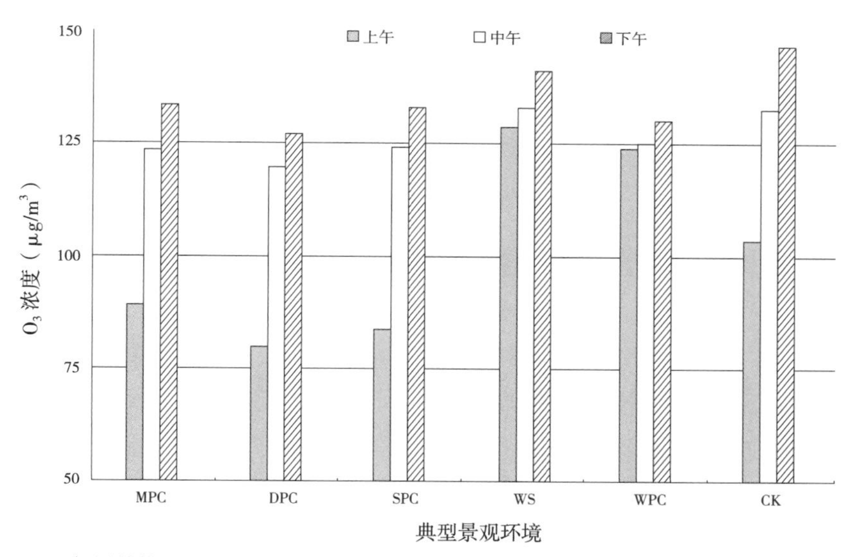

MPC—复层结构植物群落；DPC—双层结构植物群落；SPC—单层结构植物群落；WS—滨水广场；WPC—滨水植物群落；CK—对照（铺装地）

图 5-11 公园绿地典型景观环境 O_3 浓度瞬时值

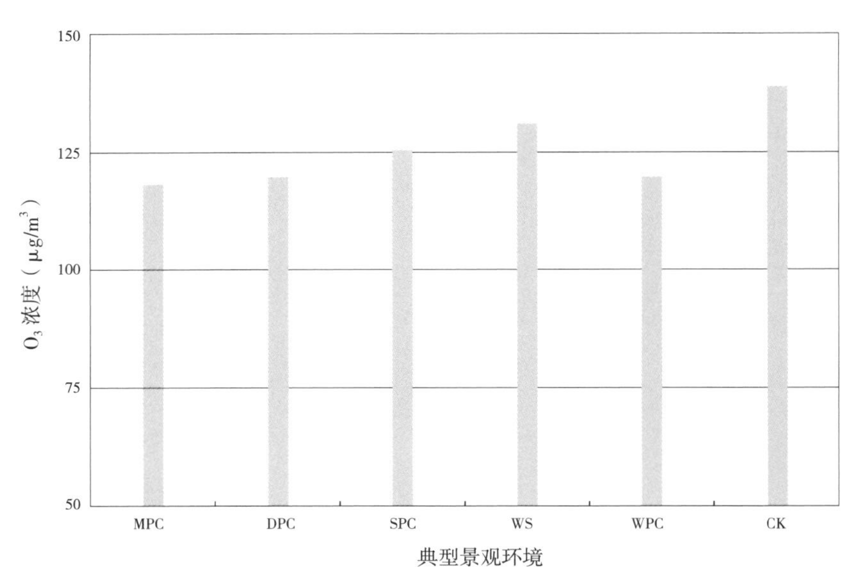

MPC—复层结构植物群落；DPC—双层结构植物群落；SPC—单层结构植物群落；WS—滨水广场；WPC—滨水植物群落；CK—对照（铺装地）

图 5-12 公园绿地典型景观环境空气质量评价指数 AQI（以 O_3 浓度为标示）

和下午瞬时 O_3 浓度。3 个瞬时值之间比较，绿地典型景观环境区域的 O_3 浓度自上午至下午均呈现增加趋势，但复层结构、双层结构和单层结构植物群落区域初始 O_3 浓度值较低（低于 100μg/m^3），自上午至中午瞬时 O_3 浓度的增幅较大，而自中午至下午瞬时 O_3 浓度的增幅较小。所有景观环境区域的 O_3 浓度中午和下午瞬时值均高于 100μg/m^3。

图 5-12 所示为奥运森林公园绿地内典型景观环境区域试验样点以 O_3 浓度为标示的空气质量评价值比较。综合而言，绿地内典型环境区域空气质量比较并无显著差异，绿地内空气质量虽略好于对照样点但无显著差异，均为“轻度污染”。

5.2.3 公园绿地植物群落与 $PM_{2.5}$-O_3 复合污染空间分异

图 5-13~ 图 5-15 分别为公园绿地植物群落结构、类型及典型景观环境区域 $PM_{2.5}$-O_3 复合污染空气质量指数值比较结果。该结果呈现近似情形，即各群落结构、类型及典型景观环境区域的 $PM_{2.5}$ 浓度较低（低于 50μg/m^3）而 O_3 浓度偏高（接近或高于 100μg/m^3），所以 $PM_{2.5}$-O_3 复合浓度作为空气质量指数均达到或高于 150μg/m^3，达到“轻度污染”甚至“中度污染”的程度，此结果值得进一步关注。另外，乔灌草型植物群落（复层结构）、乔灌型植物和乔草型植物群落（双层结构）区域以及滨水植物群落区域的 $PM_{2.5}$-O_3 复合污染空气质量指数相对较低。

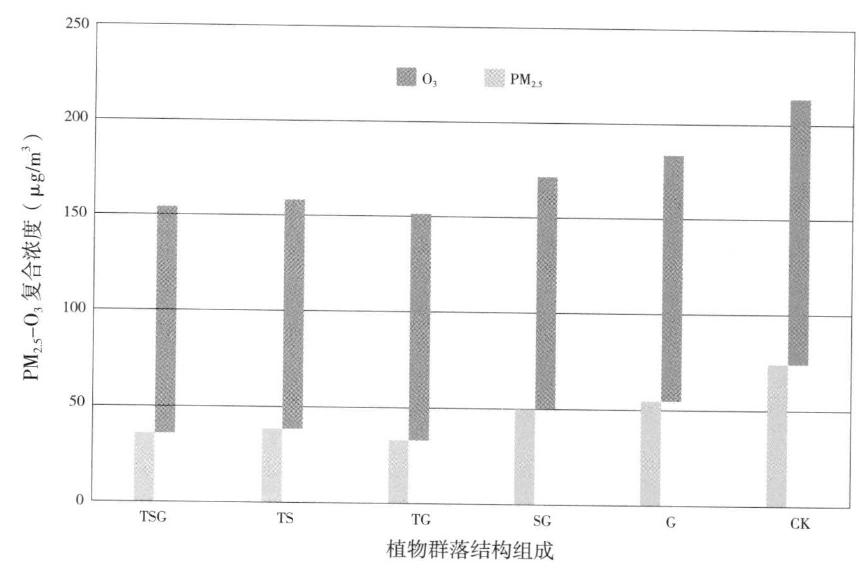

TSG—乔灌草型植物群落；TS—乔灌型植物群落；TG—乔草型植物群落；SG—灌草型植物群落；G—地被 / 草坪型植物群落；CK—对照（铺装地）

图 5-13 公园绿地植物群落结构区域空气质量评价指数 AQI（以 $PM_{2.5}$-O_3 复合浓度为标示）

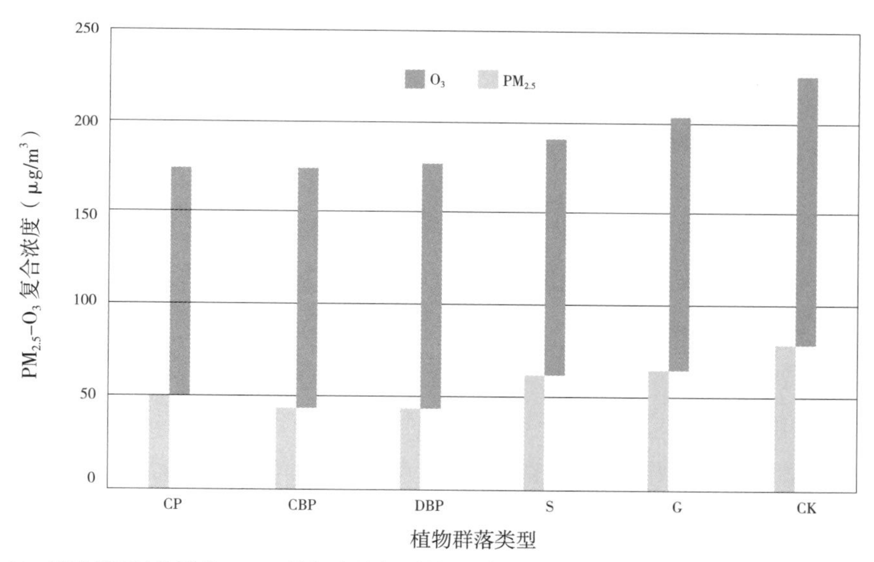

CP—针叶林型植物群落; CBP—针阔叶混交型植物群落; DBP—阔叶林型植物群落; S—灌丛型植物群落; G—地被 / 草坪型植物群；CK—对照（铺装地）

图 5-14 公园绿地植物群落类型区域空气质量评价指数 AQI（以 $PM_{2.5}$-O_3 复合浓度为标示）

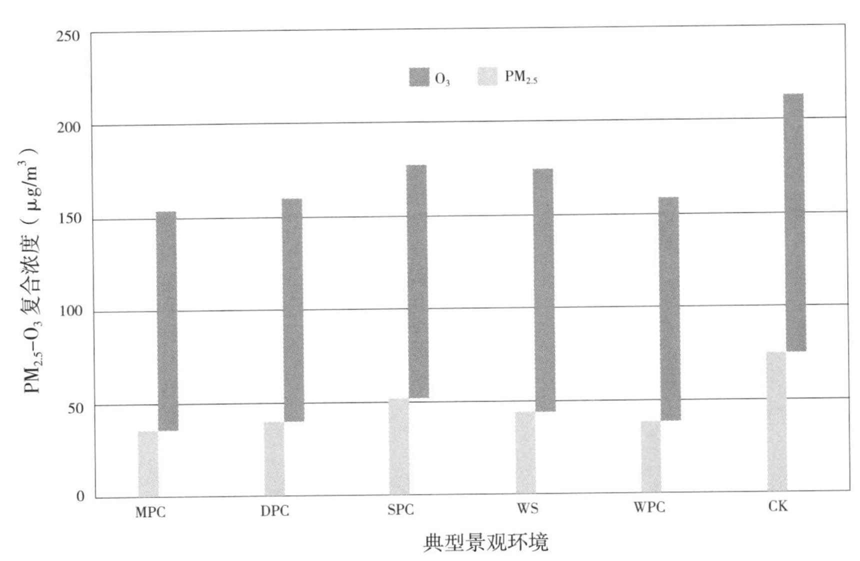

MPC—复层结构植物群落；DPC—双层结构植物群落；SPC—单层结构植物群落；WS—滨水广场；WPC—滨水植物群落；CK—对照（铺装地）

图 5-15 公园绿地典型景观环境空气质量评价指数 AQI（以 $PM_{2.5}$-O_3 复合浓度为标示）

5.3 结论与讨论

5.3.1 公园绿地植物群落与 $PM_{2.5}$ 空间分异

图 5-1、图 5-3 和图 5-5 中，在不同的植物群落结构、类型和典型景观环境区域的多数样方，试验时间内截取的上午、中午和下午 3 个瞬间时段 $PM_{2.5}$ 浓度缓慢增加，可能源于城市建城区广域范围内施工、交通工具运行等人类活动增加导致的扬尘和城市空气污染物增加，而这些污染物或扬尘是 $PM_{2.5}$ 的直接或间接来源（如 $PM_{2.5}$ 的前体物 NO_x 和 VOCs）。试验时间内城市区域的气候因子变化，如空气温度逐渐增加、空气相对湿度逐渐降低，也同时会导致 $PM_{2.5}$ 浓度逐渐增加，此结果与部分学者的研究结果相近但不完全相同，所以还需要继续深入研究。在图 5-1 和图 5-5 中，乔灌草型复层结构植物群落区域的 $PM_{2.5}$ 浓度瞬时值先升高后降低，这一现象在 $PM_{2.5}$ 浓度增加的背景下尤其重要，可能是由于乔灌草复层结构植物空间较大的叶面积指数及三维绿量，改善了群落间的微气候条件，如增加了冠层水平和垂直方向的空气“涡流”和“湍流”，“冲刷”细颗粒物至冠层，进一步增大细颗粒物在植物叶表面的“黏着力”，有利于植物通过物理或化学作用消减空气中的 $PM_{2.5}$（干沉降），这可能也是绿地样点 $PM_{2.5}$ 浓度显著低于对照样点的原因。图 5-2、图 5-4 和图 5-6 中，乔草型、乔灌型等双层结构植物群落区域

和针叶林型、针阔叶混交型、阔叶林型植物群落以及滨水植物群落区域能够在上层有冠层覆盖的情况下保证在林间存在促进空气水平及垂直方向流动的湍流作用，进一步发挥乔木冠层消减 $PM_{2.5}$ 的作用。试验样点中的针叶林型、针阔叶混交型植物群落区域植物规格尚小，但其区域的 $PM_{2.5}$ 浓度能够保持在一定浓度范围内，该群落类型的污染物消减作用值得进一步关注（可能是由于枝叶细密，更有利于促进 $PM_{2.5}$ 干沉降过程所致）。

5.3.2 公园绿地植物群落与 O_3 空间分异

图 5–7、图 5–9 和图 5–11 中，在不同的植物群落结构、类型和典型景观环境区域，试验时间内截取的上午、中午和下午 3 个瞬间时段 O_3 浓度均有所增加，可能是因为随着太阳辐射的逐渐增强以及 O_3 前体化合物（NO_x 和 VOCs）浓度增加，有利于更高浓度的 O_3 产生。3 个瞬间时段之间，上午时段的 O_3 起始浓度均较低，但是自上午时段至中午时段，O_3 浓度增加幅度较大，而中午至下午时段，O_3 浓度增加幅度趋缓。自上午至中午时段，太阳辐射强度迅速增加至最高值（O_3 产生的条件），O_3 前体物浓度也达到一定高值（O_3 产生的原料），所以 O_3 浓度迅速增加；而自中午至下午时段，O_3 浓度已增加至测定日最高值，所以浓度增幅趋缓。图 5–8、图 5–10 和图 5–12 中，不同结构、类型植物群落和景观环境区域（甚至绿地试验样点与对照样点间）空气质量尚没有显著差异（均达到"轻度污染"），可能是因为公园绿地植物群落本身通过光合作用能够产生一定量的 O_2，但对于 O_3 没有消减作用导致。图 5–11 中，滨水典型环境区域（滨水广场、滨水植物群落）上午瞬时的 O_3 浓度高于典型的植物群落区域甚至高于对照样点，可能与该环境在上午瞬时的光照强烈（仅侧方遮挡），更有利于 O_3 产生有关，该结果可在未来的研究中进一步深入关注。

5.3.3 公园绿地植物群落与 $PM_{2.5}$-O_3 复合污染空间分异

图 5–13~ 图 5–15 中，试验公园绿地不同的植物群落结构、类型和典型景观环境区域的 $PM_{2.5}$ 浓度空间分异特征显著，但 O_3 浓度未呈现显著空间分异特征且浓度值偏高（均高于 100μg/m^3）。基于上述试验结果，因为 O_3 在 $PM_{2.5}$–O_3 复合污染中的贡献率较高（超过 70%），空气质量评价达到"中度污染"程度。目前多数研究者认为，$PM_{2.5}$ 和 O_3 污染的产生机理近似且有一定的同源性，在两者的消减机制中，空气流动被认为是最为有效，其次是绿色植被等因素，但根据本研究结果可以推断，绿色植被区域能够不同程度地消减 $PM_{2.5}$，但对 O_3 尚未见显著的消

减作用。因此，有学者认为应对 $PM_{2.5}$-O_3 复合污染采取区域协防、联防联控的机制。控制和减少 $PM_{2.5}$-O_3 复合污染的前体物产生量（工业过程及使用化石能源的城市交通行为）以及营造 $PM_{2.5}$-O_3 复合污染的消减和快速扩散机制（改善和优化街区风环境、总体规划形成“城市风廊”）是这一联防联控策略的核心。

5.4 本章小结

本章研究内容关注城市公园绿地区域 $PM_{2.5}$-O_3 复合污染的空间分异特征。研究结果表明：公园绿地植物群落结构、类型及典型景观环境与该区域的 $PM_{2.5}$-O_3 复合污染状况具有显著的相关关系。具体来说，公园绿地不同植物群落结构区域的 $PM_{2.5}$ 浓度：乔灌草型植物群落、乔灌型植物群落、乔草型植物群落 < 灌草型植物群落和地被 / 草本型植物群落；不同群落类型区域的 $PM_{2.5}$ 浓度：针叶林型植物群落、针阔叶混交型植物群落、落叶阔叶型植物群落 < 地被 / 草坪型植物群落和灌木型植物群落；不同典型景观环境中：复层结构植物群落、双层结构植物群落、滨水植物群落、滨水广场区域的 $PM_{2.5}$ 浓度要低于单层结构植物群落。试验中，不同植物群落结构、类型以及景观环境区域的 O_3 浓度均高于 100 μg/m^3 且样点间未呈现显著差异；以 $PM_{2.5}$-O_3 复合污染物为主要参数的空气质量评价指数（AQI）值达到“中度污染”等级，此结果值得进一步关注。

第6章 公园绿地 $PM_{2.5}$ 暴露风险时空格局特征研究

6.1 研究方法

6.1.1 样点设置

样点设置方法参见本书。内容同 2.1.1 节。

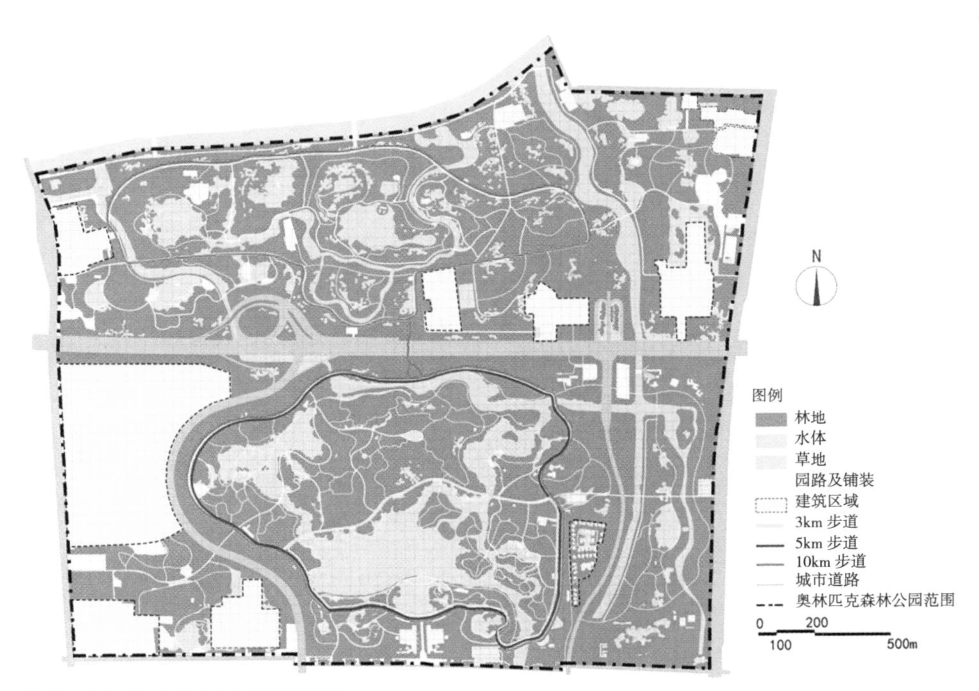

图 6-1 北京奥林匹克森林公园绿地平面图
注：1. 图中虚线所框定的建筑群组区域非本次研究范围；2. 图中空间单元网格间距为 50m × 50m

6.1.2 试验方法

6.1.2.1 基础数据来源

1. 奥运森林公园绿地范围手机信令数据

手机信令数据是通过手机用户在基站之间的信息交换来确定用户的空间位置信息，能精细化记录访客在一定空间范围内的时空轨迹。该数据具有持有率及覆盖率高、动态实时且连续性高等特点。选用试验同期（2020 年 8 月 10—25 日）公园绿地范围的 5G 基站手机信令数据（匿名）（含 2 个工作日和 1 个休息日，共 3 天）。每条信令均代表公园绿地区域内的一个空间位点（即 1 人次），网格化处理后一定空间单元（50m×50m，面积 $2500m^2$，以下同）内的空间位点数量可以直观判断该时段公园绿地范围内访客的空间聚集程度（即访客时空行为密度）。数据统计中，若访客在公园绿地内停留小于 4 小时，视为到访 1 次；超过 4 小时且不足 8 小时，其手机信令在不同空间位置被记录，视为到访 2 人次；停留时长大于 8 小时，视为到访 3 人次。

2. 奥运森林公园绿地 $PM_{2.5}$ 浓度实测（单位：$\mu g/m^3$）

（1）样点设置

以棋盘式取样法在奥运森林公园绿地内选取 17 处实测试验样点，样点均远离较大规模人群活动区域（城市道路、广场等）；两处对照样点分别位于奥运森林公园南门南 1km 处奥林匹克公园铺装广场（近地下商业区）、奥运森林公园北四环路北侧铺装广场（近“鸟巢”国家体育场，人群活动密集）。

（2）试验方法

试验在 2020 年 8 月 10—25 日的 3 天内完成，气象条件为晴朗（云量不高于 30%）、静风（平均风速 3~4m/s 以内）并避开降雨天气（如遇降雨天气，试验延后 3 天进行），试验前期以实地调研方式获得公园绿地植物群落样方的优势种株高、胸径、冠幅、冠层高度及郁闭度等植物群落特征参数，并以 CI-110 植物冠层图像分析仪测定群落的叶面积指数等植物群落量化参数；使用 6 台室外空气品质测试仪（瑞典产，型号 SWEMATF-9）自动记录并存贮 6:00—18:00 连续 12 小时每 5 分钟自动记录 $PM_{2.5}$ 浓度数据（合计 144 次记录）；每个指标数据设定 3 个重复。

（3）数据分析方法

1） 数据统计将上午时段定义为 6:00—10:00 共 4 小时，上午时段 $PM_{2.5}$ 均值即在该典型时间段内奥运森林公园绿地实测样点 $PM_{2.5}$ 浓度，中午（10:00—14:00）、下午（14:00—18:00）时段以此类推。以对照样点数据指示城市区域环境 $PM_{2.5}$ 浓度数据。

2）空气质量评价依据《环境空气质量标准》GB 3095—2012。空气质量指数（Air Quality Index，简称 AQI）是一个用来定量描述空气质量水平的数值，其等级划分为：优（AQI ≤ 50）、良（50<AQI ≤ 100）、轻度污染（100<AQI ≤ 150）、中度污染（150<AQI ≤ 200）、重度污染（200<AQI ≤ 300）、严重污染（AQI>300）。该空气质量评价基础数据取自仪器自动记录数据。以上述标准体系中 $PM_{2.5}$ 浓度值评价奥运森林公园绿地内不同试验植物群落的空气质量水平。

空气质量指数的计算公式如下：

$$I=\frac{I_{high}-I_{low}}{C_{high}-C_{low}}(C-C_{low})+I_{low} \tag{6-1}$$

式中：I 为空气质量指数，即 AQI，输出值；C 为 $PM_{2.5}$ 浓度日均值，为输入值；I_{low} 对应 C_{low} 的指数限值，常量；I_{high} 对应 C_{high} 的指数限值，常量；C_{low} 小于或等于 C 的质量浓度限值，常量；C_{high} 大于或等于 C 的质量浓度限值，常量。

6.1.2.2 数据处理方法

1. 利用手机信令数据进行公园绿地访客时空行为密度计算（单位：1000 人 / km^2）参考已有研究，使用以下手机用户时空行为密度算法，公式为：

$$\rho_{c_i}=\frac{1}{A'_{c_i}}\sum_{c_i}\frac{A_{(c_i\cap v_j)}D_{v_j}}{A_{v_j}} \tag{6-2}$$

式中，ρ_{c_i} 为某时刻 c_i 空间单元内手机用户密度；v_j 为编号为 j 的信令小区；c_i 为编号为 i 的空间单元；A'_{c_i} 为 c_i 空间单元面积（$2500m^2$）；D_{v_j} 为 v_j 信令小区某时刻的手机用户数量；A_{v_j} 为 v_j 信令小区活动空间面积；$A_{(c_i\cap v_j)}$ 为 c_i 用地与 v_j 信令小区形成的叠置区空间面积；i 为空间单元编号；j 为信令小区编号。

2. 空间插值法与 $PM_{2.5}$ 浓度空间插值

空间插值法目前已被广泛应用于大小尺度空间现象研究。该方法采用已测样点的微环境因子为基础数据，推求同一区域内的未知样点以及不同区域具有相同或近似植物群落属性特征的未知样点微环境因子数据的局部加权平均，能够将离散点的测量数据转换为连续的数据曲面。$PM_{2.5}$ 浓度实测样点数量受制于仪器、人员等条件，仅能够满足较少数量的绿地样点，而要进行空间格局研究，数据点的密度和数量是基本保证，因此需采用空间插值法丰富数据量、加大数据密度。基于文献资料及前期研究基础，选择 Kriging 空间插值方法，生成试验期公园绿地空间分辨率约 50m × 50m 空间单元的 $PM_{2.5}$ 浓度。

以半方差函数和 Kriging 插值法计算空间插值：

$$R(h)=\frac{1}{2N(h)}\sum_{i=1}^{n}[Z(x_i)-Z(x_i+h)]^2 \quad (6-3)$$

式中：h 为一定的间距（50m）；$R(h)$ 为基于距离函数的空间插值；$N(h)$ 为该范围内的观察点数；$Z(x_i)$ 为空间单元 i 的属性值；i 为空间单元的编号；x_i 为空间单元 i 的 $PM_{2.5}$ 浓度值；n 为公园绿地空间单元总数（n=2720）。

$$Z(x_0)=\sum_{i=1}^{n}\lambda_i Z(x_i) \quad (6-4)$$

式中：λ 为权重；$Z(x_0)$ 是 $PM_{2.5}$ 浓度的估计值；$Z(x_i)$ 是 $PM_{2.5}$ 浓度的已知值；i 为空间单元编号；n 为公园绿地空间单元总数（n=2720）。

3. $PM_{2.5}$ 暴露风险评估 [单位：μg · 1000 人 /（m^3 · km^2）]

结合本节 1 和 2 获取的基础数据，以公园绿地访客时空行为密度和空气质量评价值加权计算 $PM_{2.5}$ 暴露风险水平。计算公式如下：

$$E=\frac{\sum_{i=1}^{n}(P_i\times C_i)}{P} \quad (6-5)$$

式中：E 为 $PM_{2.5}$ 暴露风险水平；C_i 为空间单元 i 区域的 $PM_{2.5}$ 污染浓度；P_i 为空间单元 i 区域的访客数量，即访客时空行为密度；i 为空间单元的编号；n 为公园绿地空间单元总数（n=2720）；P 为公园绿地区域访客访问量总数（P=324000 人次 / 天）。

6.2 结果与分析

6.2.1 公园绿地访客时空行为密度

图 6-2 所示为基于手机信令数据的奥运森林公园绿地不同时段访客密度空间网格化图示。结果呈现以下特征：

（1）上午、下午和中午 3 个典型时段的公园绿地访客行为密度随时间延长逐渐增加，但未呈现显著空间格局差异。

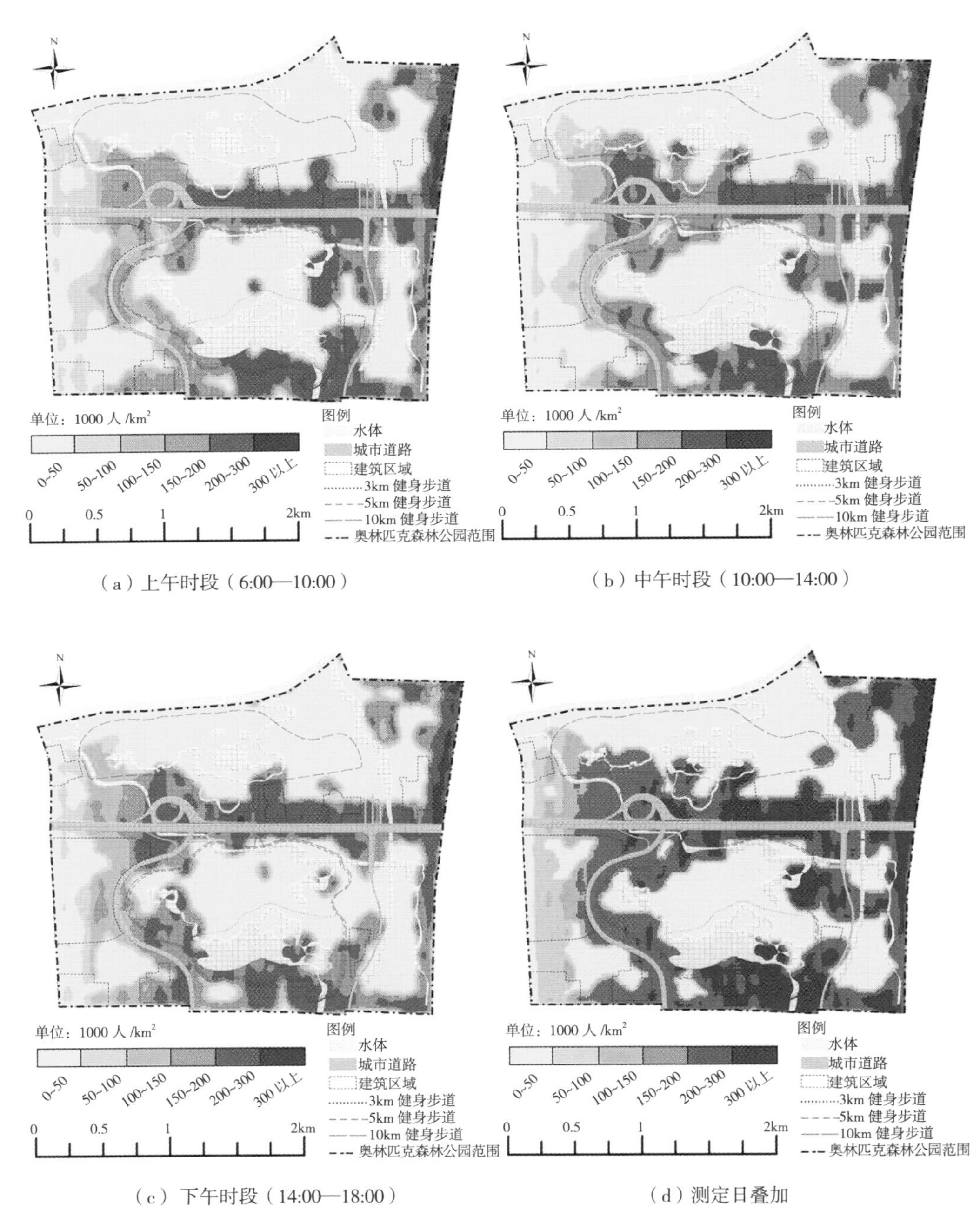

（a）上午时段（6:00—10:00）

（b）中午时段（10:00—14:00）

（c）下午时段（14:00—18:00）

（d）测定日叠加

图 6-2 公园绿地访客时空行为密度

（2）上午时段在公园绿地内存在两处聚集区中，线形分布空间边界与以公园主山主水（仰山和奥海）为中心的 3km 健身步道、5km 健身步道基本重合（二环线区域分布）；南园南门、东门入口区附近呈现较显著的面状空间特征（一面状区域分布）。中午时段访客空间分布较上午时段典型线状和多面状特征有所改变，多数访客沿公园主要观景道路及景观水域（奥海）滨水空间分布，呈现多线型空间布局特征；南园南门区域的面状空间布局仍较明显，但其他入口区域的访客分布密度并不显著。另外，中午该时段访客在公园绿地南园东侧及北园部分区域还呈现多点状布局特征（多点状区域分布）。下午时段访客空间线形分布区域仍与南园 3km 健身步道、5km 健身步道高度重合。南园南门区域仍存在较典型的面状空间分布特征。

（3）测定日叠加数据显示，公园绿地访客在园区内的高密度空间分布区域明显呈现“二环线一面多点”特征。该结果不仅直观地表明访客在公园绿地内的行为及空间聚集特征，还可作为 $PM_{2.5}$ 暴露风险水平的正相关因素之一为暴露风险评估赋予权重。

6.2.2 公园绿地空气质量评价（AQI 值）时空分异特征

图 6-3 为依据《环境空气质量标准》GB 3095—2012，基于 $PM_{2.5}$ 实测数据及空间插值数据的上午、中午和下午时段以及日均的空气质量评价（AQI 值）结果。依据上述标准，较低的 $PM_{2.5}$ 浓度对应较低的空气质量评价值，也即较优的空气质量。

由结果可知，奥运森林公园绿地内上午、中午和下午 3 个时段及日均 $PM_{2.5}$ 浓度空间格局呈现林地区域、林缘和滨水区域组成的“一面两线”空间格局。具体特征包括: ① 绿地内远离城市道路边界区域较大面积集中林地以及林地边缘、草地区域空气质量评价显著优于景观水域等区域，且林地内部优于林地边缘区域，同时林地内部存在一定的异质性特征；② 围绕面积较大的景观水域的滨水线型区域的空气质量评价优于水域中心区域；③ 景观水域及水域中心、临近城市道路区域空气质量评价结果相对较差（5km 健身步道临近北五环路、奥林西路段）；④ 园路及铺装区域在公园绿地区域面积占比相对较小，分析结果中未呈现显著空间格局特征。

公园绿地内的林地区域占比最高且集中连片分布，相对较高的三维绿量有利于进一步消减该区域的 $PM_{2.5}$ 浓度，提升空气质量。公园绿地草地区域的面积占比较小但该区域的空气质量较高，可能的原因是该区域多位于林地围合区域，林地区域植物群落提升空气质量的“效应（作用）场外延”有助于提升草地区域的空气质量。另外，公园绿地林地区域的空气质量评价结果内部呈现一定的空间分异特征，即在公园绿地的植物群落尺度内亦呈现空间分异特征。该现象产生可能的原因是绿地植物群落结构、类型与其消减 $PM_{2.5}$ 进而改善空气质量的效益存在一定的相关关系（即绿地内某种类型或结构的植物群落具有较高的 $PM_{2.5}$ 消减效率，从而该区域的空气质量较好），但此结果需进一步试验验证。公园绿地内水体区域空气质量评价结果与王嫣然（2016）、孙敏（2018）等的研究结果有所差异，可能的原因是相对于较大面积的林地区域通过乔灌木冠层上方湿沉降作用等物理及生化作用消减 $PM_{2.5}$，景观水体消减 $PM_{2.5}$ 主要依靠该区域空间细颗粒物的自然沉降等作用，因植被蒸腾产生的水分子团活性高于自然水体，故林地 $PM_{2.5}$ 的消减效率相对景观水体更高。由此可见，无论是城市区域还是公园绿地区域，绿地及水体区域虽同为 $PM_{2.5}$ 之“汇”，但因为其作用机理存在差异，故 $PM_{2.5}$ 的消减效率并不相同。

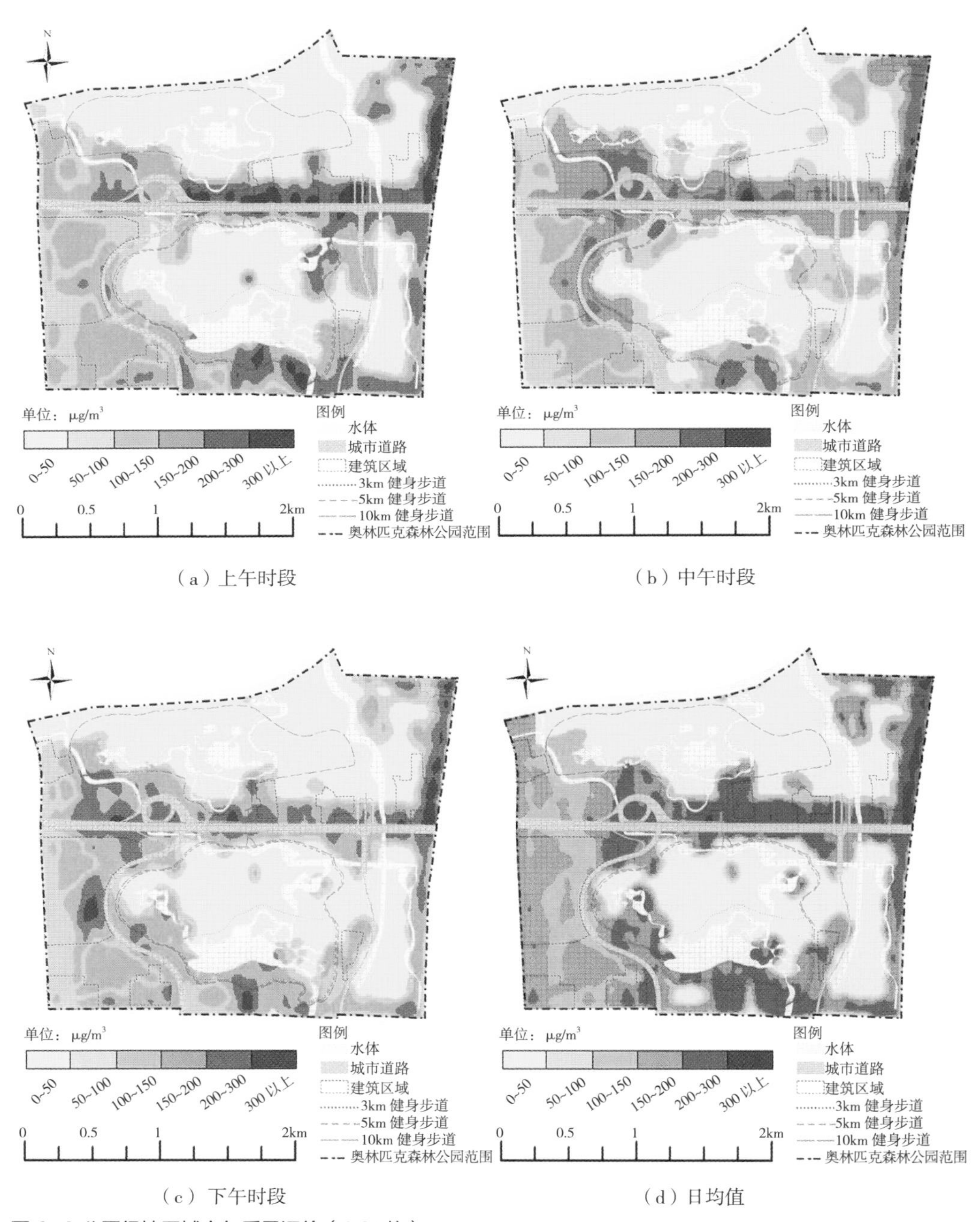

图 6-3 公园绿地区域空气质量评价（AQI 值）

6.2.3 公园绿地 $PM_{2.5}$ 污染暴露风险水平时空格局

图 6–4 为奥运森林公园绿地 $PM_{2.5}$ 污染暴露风险水平时空格局图。其中，图 a~c 分别为上午、中午和下午 3 个时段访客密度加权 $PM_{2.5}$ 浓度的 $PM_{2.5}$ 暴露风险空间格局图，图 d 为基于公园绿地访客密度日叠加值与 $PM_{2.5}$ 日均值得出的 $PM_{2.5}$ 暴露风险水平空间格局图。

由图 6–4 可知，上午、中午至下午时段的 $PM_{2.5}$ 污染暴露风险水平呈现逐渐增高趋势，但其空间格局特征基本不变。具体特征如下：① 公园绿地内 $PM_{2.5}$ 暴露风险水平由低到高的排序依次为：远离城市道路的面状集中林地、林地边缘及滨水线形区域 < 草地区域 < 景观水体区域。奥运森林公园南园各出入口的点状区域、临近城市道路的线形区域（5km 健身步道、10km 健身步道沿线）以及景观水体区域的 $PM_{2.5}$ 暴露风险水平相对较高。② 公园绿地内 $PM_{2.5}$ 低暴露风险区域的空间分布呈现“一面两线”的格局特征，同相对较低的 $PM_{2.5}$ 浓度区域即较优的空气质量评价区域；高暴露风险区域空间分布特征呈现“一面多线多点”的特征。

由 $PM_{2.5}$ 污染暴露模型可知，$PM_{2.5}$ 暴露风险水平（E）的直接正相关因素是访客数量（P_i）和绿地 $PM_{2.5}$ 污染浓度（C_i），即若某区域人群活动越密集且绿地 $PM_{2.5}$ 浓度较高（空气质量较差），则该区域的 $PM_{2.5}$ 暴露风险较高。风险水平评估的两项正相关因素中，C_i 的直接影响因素是单位区域绿地特征，即林地的植物群落定量化特征，如郁闭度及三维绿量等，与局地 $PM_{2.5}$ 消减效率直接相关；P_i 是空间单位区域内访客的数量，即对公园的利用形式（或在公园绿地内的行为特征），如跑步健身活动的线形分布特征、访客个体及小型群组活动的点状分布特征以及较大规模访客集体活动形成的面状分布特征等。由此可知，公园绿地内较低的 $PM_{2.5}$ 污染风险水平环境区域首要条件是远离污染“源”释放区域且具有较高 $PM_{2.5}$ 消减效率的绿地植物群落（$PM_{2.5}$“汇”的功能显著），次要条件是该区域的人群行为密度控制在一定数值范围内。

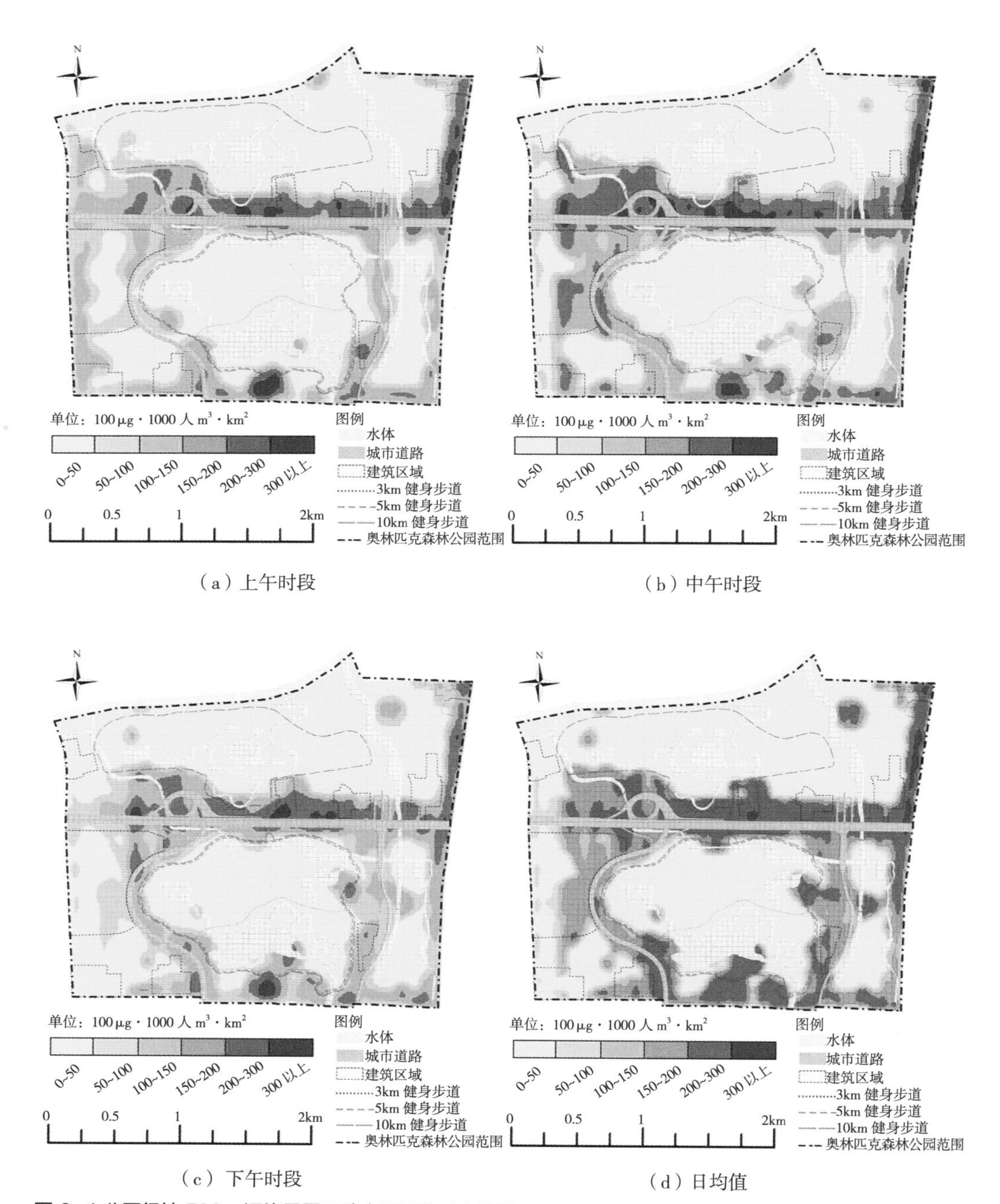

（a）上午时段

（b）中午时段

（c）下午时段

（d）日均值

图 6-4 公园绿地 $PM_{2.5}$ 污染暴露风险水平评估时空格局

6.3 结论与讨论

奥运森林公园内不同绿地景观区域访客行为密度、$PM_{2.5}$ 污染影响的空气质量评价及 $PM_{2.5}$ 暴露风险水平时间差异性不明显，但具有显著的空间聚集性和异质性特征：

（1）在公园绿地的“面状”聚集性分布区域中，南园南门入口区域因接近奥林匹克公园、人流量密集，所以具有相对较高的 $PM_{2.5}$ 污染强度及 $PM_{2.5}$ 暴露风险水平。

（2）接近城市道路的公园边界以及接近公园绿地边界 5km 健身步道、10km 健身步道的“线状”聚集性区域，绿地访客行为活动密集，$PM_{2.5}$ 暴露风险水平较高。

（3）公园绿地的低 $PM_{2.5}$ 暴露风险区域为远离城市道路边界的林地内部形成的“面状”区域。

在上述 $PM_{2.5}$ 暴露风险空间格局特征的相关影响因素中，绿地植物群落特征（局地三维绿量、植物群落结构、植物群落类型等及景观水体尺度及格局特征）与 $PM_{2.5}$ 暴露风险空间格局的相关性显著，是 $PM_{2.5}$ 暴露风险空间格局形成的基本驱动因素。本文所研究的奥运森林公园绿地内部分景观区域处于较高 $PM_{2.5}$ 污染暴露风险水平（南园南门入口区，5km 健身步道沿线，3km 健身步道、10km 健身步道沿线局部区域），这些区域的空气质量有待进一步改善。

基于以上研究结论，针对城市风景园林建设实践中创造空气污染低暴露风险空间类型的目标，提出以下建议：

（1）以较大面积林地围合草坪，形成小型面状空间，并同时避免较大面积草坪。

（2）较大面积铺装场地或以林地围合，或以林地分割成较小面积区域，或布局于林下。

（3）线形游憩空间沿林缘、滨水区域布局或深入林地。

（4）点状游憩空间布局于林下，若位于滨水区域则有林地围合或半围合。

公园绿地内人群活动空间远离绿地边界、出入口区域。尤其是公园绿地外若为城市道路，则应以一定宽度的林带分隔。

6.4 本章小结

本章研究内容基于 $PM_{2.5}$ 浓度实测数据以及空间插值，结合试验同期获取的绿地区域手机信令数据进行 $PM_{2.5}$ 暴露风险水平评估。研究结果表明：① 公园绿地内访客行为密度的时间差异性不显著，但主要游步道沿线、公园入口区及滨水景点呈现空间聚集性。② 公园绿地内基于 $PM_{2.5}$ 浓度的空气质量评价结果并无显著时间差异性，但空间差异性显著；集中连片林地区域空气质量评价结果优于草地，景观水域附近的空气质量较差；面状林地内部、滨水线形区域与景观水域中心之间存在异质性特征。③ 公园绿地远离城市道路的面状林地、林地边缘及滨水线形区域 $PM_{2.5}$ 暴露风险水平最低，草地区域其次，景观水域较高；绿地主要入口区、临近城市道路的线形区域以及景观水域的暴露风险水平较高。

第7章

公园绿地人体感热舒适度空间格局特征研究

L
Q
J
I
E
D
C
N
B
A
G
F

7.1 研究方法

7.1.1 样点设置

样点设置方法参见本书 2.1.1 节。

7.1.2 试验方法

试验仪器为 6 台 SWEMA Y–Boat–R 多功能在线环境检测系统（30 通道，可同时并线采集及存储空气温度、辐射温度、风速、风向数据；并同步测定空气相对湿度、压差、热通量等参考数据），每个指标数据设定 3 个重复；试验时间为 2020 年 8 月 10—20 日的 3 天内完成，气象条件为晴朗（云量不高于 30%）、静风（风速 3~4m/s 以内），试验前期以实地调研方式获得绿地群落样方的优势种株高、胸径、冠幅、冠层高度及郁闭度等绿地植物群落特征参数，并以 CI–110 植物冠层图像分析仪测定群落的叶面积指数等植物群落量化参数。

实测中，仪器自动记录并存储测定数据。数据分析时，将 8:00—18:00 间隔 10 分钟的自动记录数据（合计 76 次）的算术平均值将其作为日均值；将 8:50—9:10（8:50、8:55、9:00、9:05、9:10 共 5 次取值，以下同）、13:20—13:40、17:20—17:40 时段间隔时间 5 分钟自动记录的 5 次取值的算术平均值分别指代上午瞬时值、中午瞬时值和下午瞬时值。以对照样点数据平均值指示城市区域环境本底人体感热舒适度（下文简称“体感舒适度”）数据。

7.1.3 数据分析方法

7.1.3.1 *PMV-PPD* 体感舒适度指标

PMV 用于评价和判断某一环境状态能否满足人体热舒适性要求（数据绝对值

越大，则不舒适程度越高，即“热感不舒适”和“冷感不舒适”，反之则为“舒适”）；*PPD* 为预计不满意率，是处于具体热环境中人对于热环境不满意的定量预计值，用百分比表示（数值越大，不满意程度越高）。*PMV-PPD* 指标对应 ASHRAE 热感觉 7 级指标，从冷到热取值为 −3 ~ 3，0 为环境最佳舒适状态（表 7–1），*PMV* 和 *PPD* 数学关系如图 7–1 所示。

PMV 热感觉标尺（ASHRAE 热感觉） 表 7-1

热感觉	冷	凉	微凉	适中	微暖	暖	热
PMV 值	−3	−2	−1	0	1	2	3

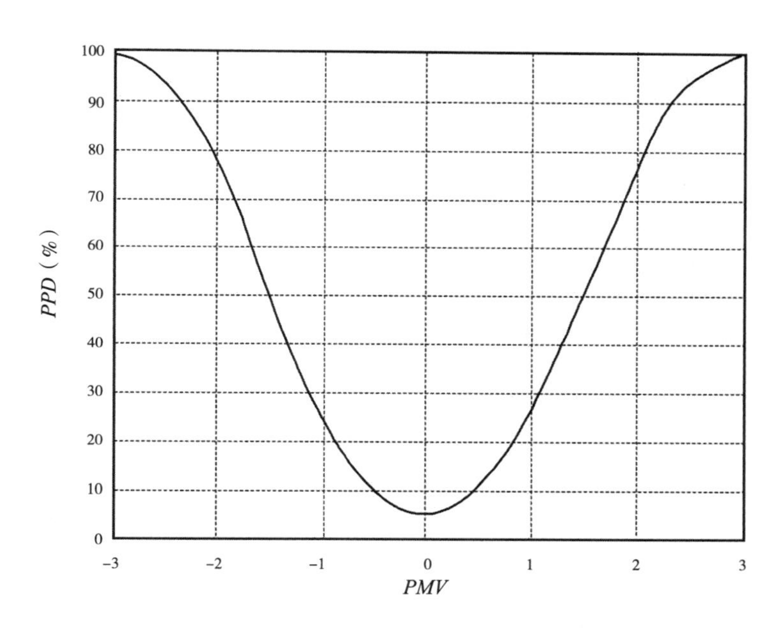

图 7–1 预计平均热感觉指数（*PMV*）与预计不满意率（*PPD*）数学函数关系图示

其计算公式为：

$$PMV=（0.303e^{-0.036M}+0.028）\times\{（M-W）-3.0510^{-3}\times[5733-6.99（M-W）-P_a] \\ -0.42\times[（M-W）-58.15]-1.7\times10^{-5}M（5867-P_a）-0.0014M（34t_a） \\ -3.96\times10^{-8}f_{cl}\times[（t_{cl}+273）^4-（\bar{t_r}+273）^4]-f_{cl}h_c（t_{cl}-t_a）\} \quad (7\text{–}1)$$

$$t_{cl}=35.7-0.028（M-W）-I_{cl}\{3.96\times10^{-8}f_{cl}\times[（t_{cl}+273）^4-（\bar{t_r}+273）^4]+f_{cl}h_c（t_{cl}-t_a）\}$$

$$h_c=\begin{cases}2.38|t_{cl}-t_a|^{0.25} & 当 2.38|t_{cl}-t_a| > 12.1\sqrt{v_{ar}} \\ 12.1\sqrt{v_{ar}} & 当 2.38|t_{cl}-t_a| < 12.1\sqrt{v_{ar}}\end{cases}$$

$$f_{cl}=\begin{cases}1.00+1.290I_{cl} & 当 I_{cl}\leqslant 0.078m^2\cdot K/W \\ 1.05+0.645I_{cl} & 当 I_{cl} > 0.078m^2\cdot K/W\end{cases}$$

式（7-1）中：*PMV* 为预计平均热感觉指数；*M* 为热环境中从事一定活动类型（本研究为有氧运动、快走、慢跑、健身舞等）的人体代谢率，W·m^2；*W* 为外部做功消耗的热量（对大多数活动可忽略不计），W·m^2；I_{cl} 为服装热阻，m^2·K/W（本研究背景服装设定为长裤、衬衣/T 恤、鞋袜，系数取值为 0.110 m^2·K/W）；f_{cl} 为着装时人的体表面积与裸露时人的体表面积之比；t_a 为空气温度，℃；$\bar{t}_r$ 为平均辐射温度，℃；v_{ar} 为相对风速，m/s；P_a 为水蒸气分压，P_a；h_c 为对流换热系数，W/（m^2·℃）；t_{cl} 为服装表面温度，℃。

其中，h_c 和 t_{cl} 可由公式迭代得出。*PMV* 可由代谢率、服装热阻、空气温度、平均辐射温度、风速等参数得出。

$$PPD=100-95\times e^{-(0.03353\times PMV^4+0.2179\times PMV^2)} \quad (7\text{-}2)$$

式中：*PPD* 为预计不满意率，当 *PMV* 值为 0 时，*PPD* 值并不为零（5%），这是因为虽然客观的环境已达最佳舒适状态，但人们的体感舒适度受到生理、心理等主客观多重因素影响，所以仍有 5% 的人会感到不满意。

7.1.3.2 人体舒适度评价

人体舒适度是以“不舒适度指数”的形式对“舒适”进行数字化定义，用来反映不同的温度、空气相对湿度、风速及太阳辐射强度等气象环境下人体的舒适感觉，其中以空气温度和空气相对湿度两个气象要素对人体舒适感觉影响最大。国内外有关人体舒适度的计算模型以 Thom（1959）提出的不舒适指数（discomfort index，*DI*）最为经典和常用，尤其适用于户外环境中人体热舒适度的评价。其计算公式如下：

$$DI^0=T-0.55(1-0.01RH)\times(T-14.5) \quad (7\text{-}3)$$

式中：DI^0 为不舒适度指数；*T* 为空气温度，℃；*RH* 为空气相对湿度，%。

不舒适度指数是描述空气温湿度对人体综合影响的指标之一，它表征人体在某种温湿度条件下对该空气环境感觉舒适程度。一般在夏季时，DI^0 值越大，人体感觉越不舒适，反之则舒适度越高。表 7-2 为 Georgi （2006）提出的不舒适度指数的等级划分标准。为防止该数学模型的表述与人们理解的偏差及便于进行 Moran 分析，数据以 100 与 DI^0 之差的 *DI* 值（热舒适度值）作为热舒适度标准值。

$$DI=100-DI^0$$

DI^0/DI 值代表的人体感觉程度　表 7-2

等级	不舒适度指数（DI^0）	热舒适度值（DI）	人体感觉程度
1	≤ 21.0	> 79.0	没有人不舒适
2	21.0 ~ 23.9	76.1 ~ 79.0	少部分人感到不舒适
3	24.0 ~ 26.9	73.1 ~ 76.0	大部分人感到不舒适
4	27.0 ~ 28.9	71.1 ~ 73.0	绝大多数人感到不舒适
5	29.0 ~ 31.9	68.1 ~ 71.0	几乎所有人都感到不舒适
6	≥ 32.0	< 68	有中暑危险

7.2 结果与分析

7.2.1 公园绿地植物群落结构与体感舒适度空间分异

图 7–2 为公园绿地植物群落结构区域人体热感觉瞬时值和均值比较情况。图 7–2a 所示，上午瞬时的乔草、乔灌、灌草、地被 / 草坪型植物群落结构区域体感舒适度水平较高，所不同的是乔草和乔灌型植物群落结构区域表现为负值的“凉感舒适”，而灌草、地被 / 草坪型植物群落区域表现为“暖感舒适”，出现这一现象可能与灌草型植物群落和地被 / 草坪型植物群落区域直接接受太阳辐射，升温较快，而乔灌和乔草型植物群落结构区域因为乔木冠层覆盖，阳光不易直接照射到林下，从而空气升温较慢导致。同时，对照样点也呈现出升温较快，其区域表现为“暖感舒适”。图 7–2b 和图 7–2c 所呈现的结果非常接近，主要表现为（从中午瞬时至下午瞬时）热感觉逐渐增加，达到试验时间结束前后的“热感不舒适”。图 7–2d 主要呈现两类特征：乔草、乔灌型植物群落结构区域的体感舒适度基本处于“热感舒适”水平，而乔灌草、灌草和地被 / 草坪型植物群落结构区域体感舒适度水平为“热感不舒适”。前一现象出现的原因可能是因为有乔木冠层遮挡，林内太阳直接辐射强度和空气相对湿度被控制在一定的范围内，林内植被层较少，有利于空气在水平及垂直方向流动，因而体感较舒适；而乔灌草型植物群落结构区域虽有乔木冠层覆盖，但林内空间有限使空气流动受限，导致空气湿度和热量较难散失，灌草和地被 / 草坪型植物群落结构区域虽通风条件较好，但强烈的直接辐射是造成热感觉强烈的直接原因。

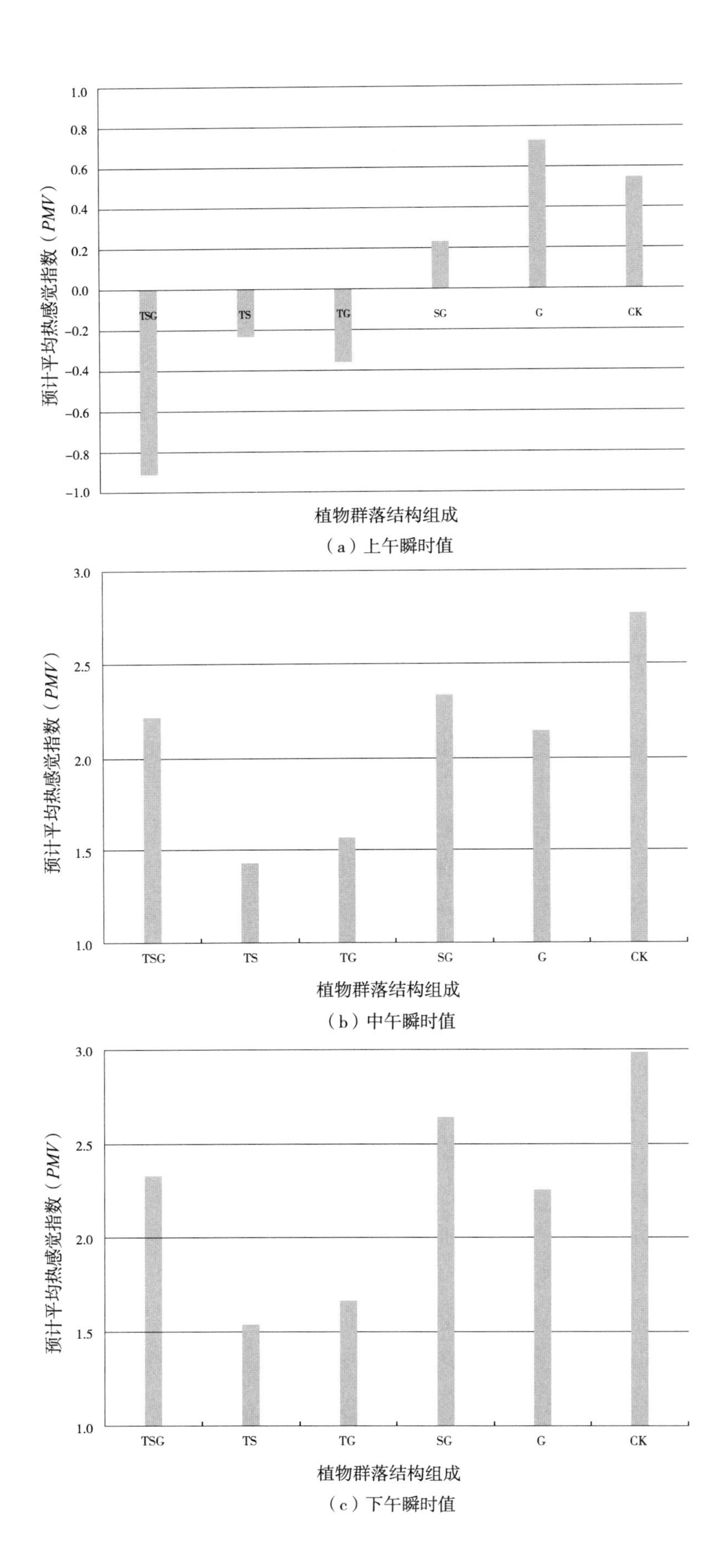

（a）上午瞬时值

（b）中午瞬时值

（c）下午瞬时值

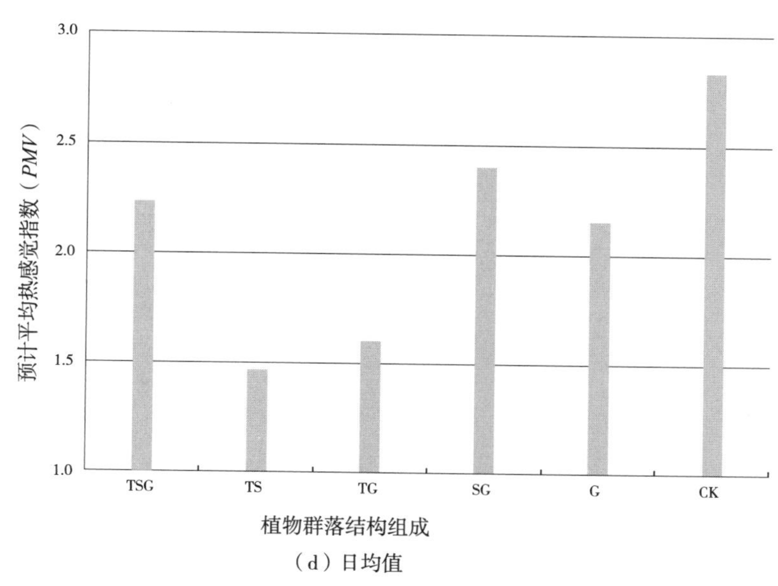

（d）日均值

TSG—乔灌草型植物群落；TS—乔灌型植物群落；TG—乔草型植物群落；SG—灌草型植物群落；G—地被 / 草坪型植物群落；CK—对照（铺装地）

图 7–2 公园绿地植物群落结构区域体感舒适度

7.2.2 公园绿地植物群落类型与体感舒适度空间分异

图 7–3 为公园绿地植物群落类型区域体热感觉瞬时值和均值比较情况。图 7–3a 所示，上午瞬时的所有植物群落类型区域均呈现较舒适的特征，其中灌木型、地被 / 草坪型植物群落类型区域表现为“暖感舒适”，而针叶林型、阔叶林型和针阔叶混交型植物群落类型区域表现为“凉感舒适”。前者群落类型区域“暖感舒适”产生的原因可能是其范围的空气接受太阳直接辐射后升温，而后者由于冠层郁闭空气升温较慢所致，但其中针叶林型植物群落类型区域因树木规格尚小并没有显著的冠层覆盖，现场观察太阳直接辐射较强，但其区域环境仍呈现“凉感舒适”，原因尚待进一步深入研究。图 7–3b 和图 7–3c 结果特征接近，中午瞬时至下午瞬时呈现热感觉持续增加的过程。中午瞬时（图 7–3b）尚有部分植物群落类型区域热感觉呈现为“热感舒适”，但至下午瞬时（图 7–3c），所有群落类型区域均呈现为“热感不舒适”。图 7–3d 呈现的结果特征中，阔叶林型植物群落区域体感舒适度为“热感舒适”，而其他植物群落类型区域为“热感不舒适”。产生上述现象的原因尚待进一步研究。

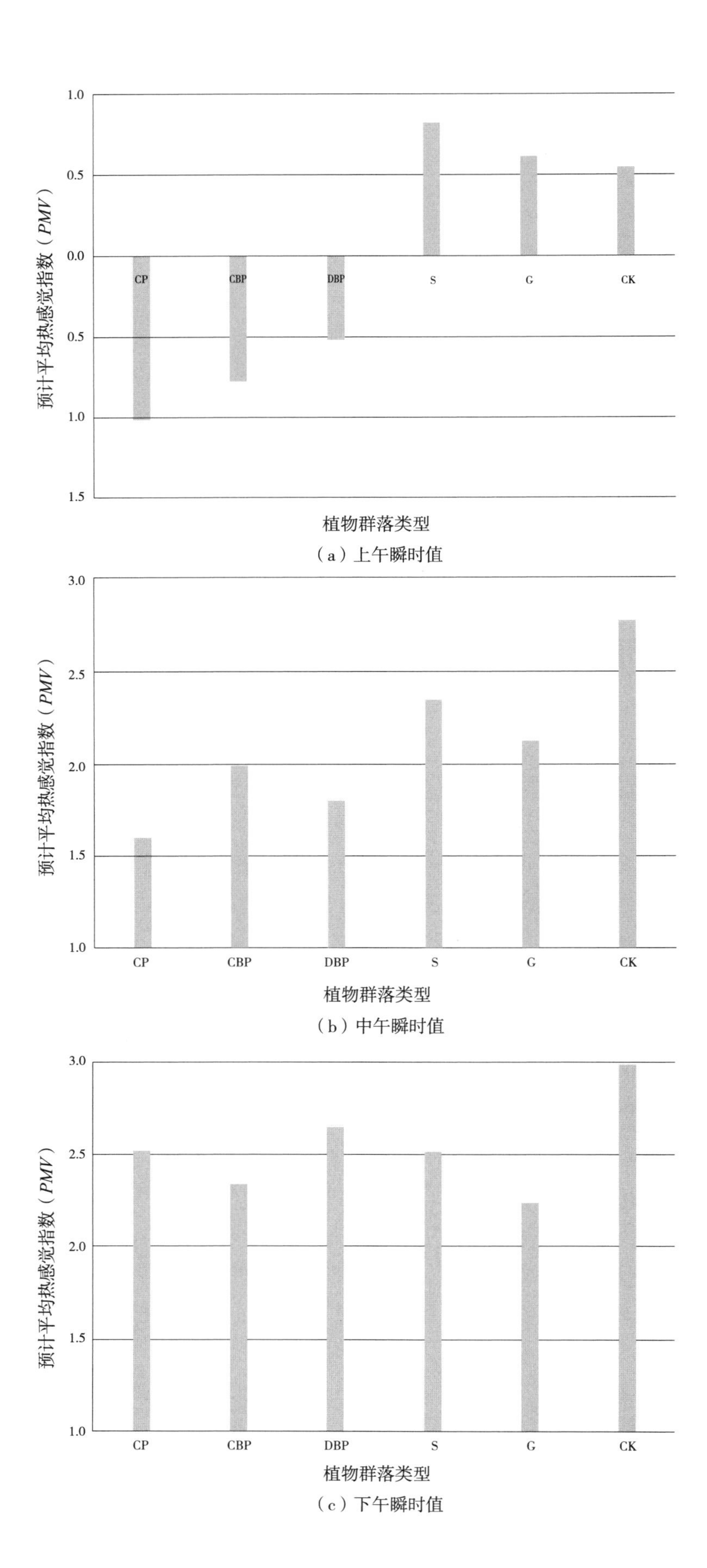

（a）上午瞬时值

（b）中午瞬时值

（c）下午瞬时值

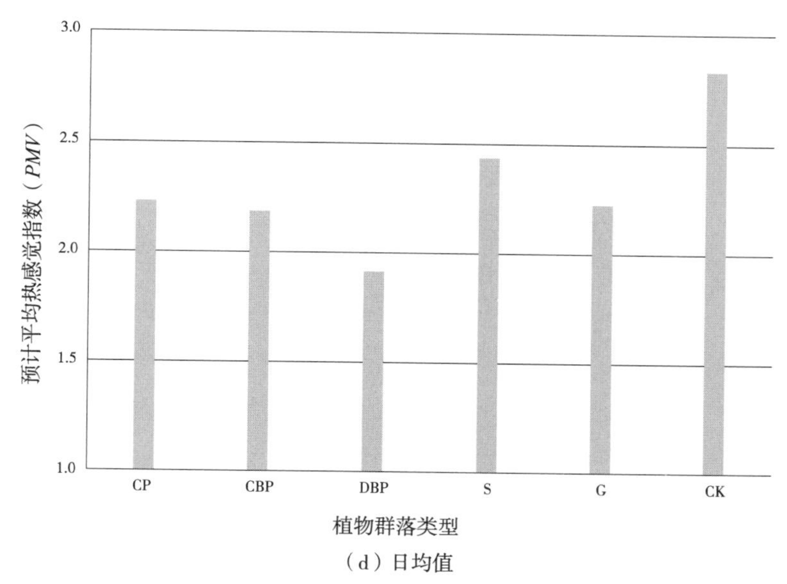

（d）日均值

CP—针叶林型植物群落；CBP—针阔叶混交型植物群落；DBP—阔叶林型植物群落；S—灌木型植物群落；G—地被 / 草坪型植物群落；CK—对照（铺装地）

图 7–3 公园绿地植物群落类型区域体感舒适度

7.2.3 公园绿地典型景观环境与体感舒适度空间分异

图 7–4 为公园绿地典型景观环境区域人体热感瞬时值和均值比较。图 7–4a 所示，上午瞬时的所有景观环境区域均呈现较舒适的特征，其中复层结构植物群落、双层结构植物群落和滨水植物群落区域表现为“凉感舒适”，而单层结构植物群落、滨水广场区域表现为“暖感舒适”。因本节研究中的复层结构植物群落即乔灌草型植物群落结构，所以该部分结果与 7.2.1 部分数据分析结果相同。图 7–4b 和图 7–4c 呈现的结果非常接近，主要表现为典型景观环境区域人体热感觉均有所增加或浮动在“热感不舒适”阈值范围（$2 \leqslant |PMV| \leqslant 3$）。图 7–4d 结果显示，多层结构、双层结构和滨水植物群落 3 种景观环境的体感舒适度在“热舒适”与“热不舒适”之间，滨水植物群落区域呈现与双层结构植物群落区域近似的特征，原因可能是临近水体的开放环境更加有利于通风；单层结构植物群落和滨水广场两种景观环境的体感舒适度则为显著的“热不舒适”，原因同样源于太阳直接辐射强度较强。

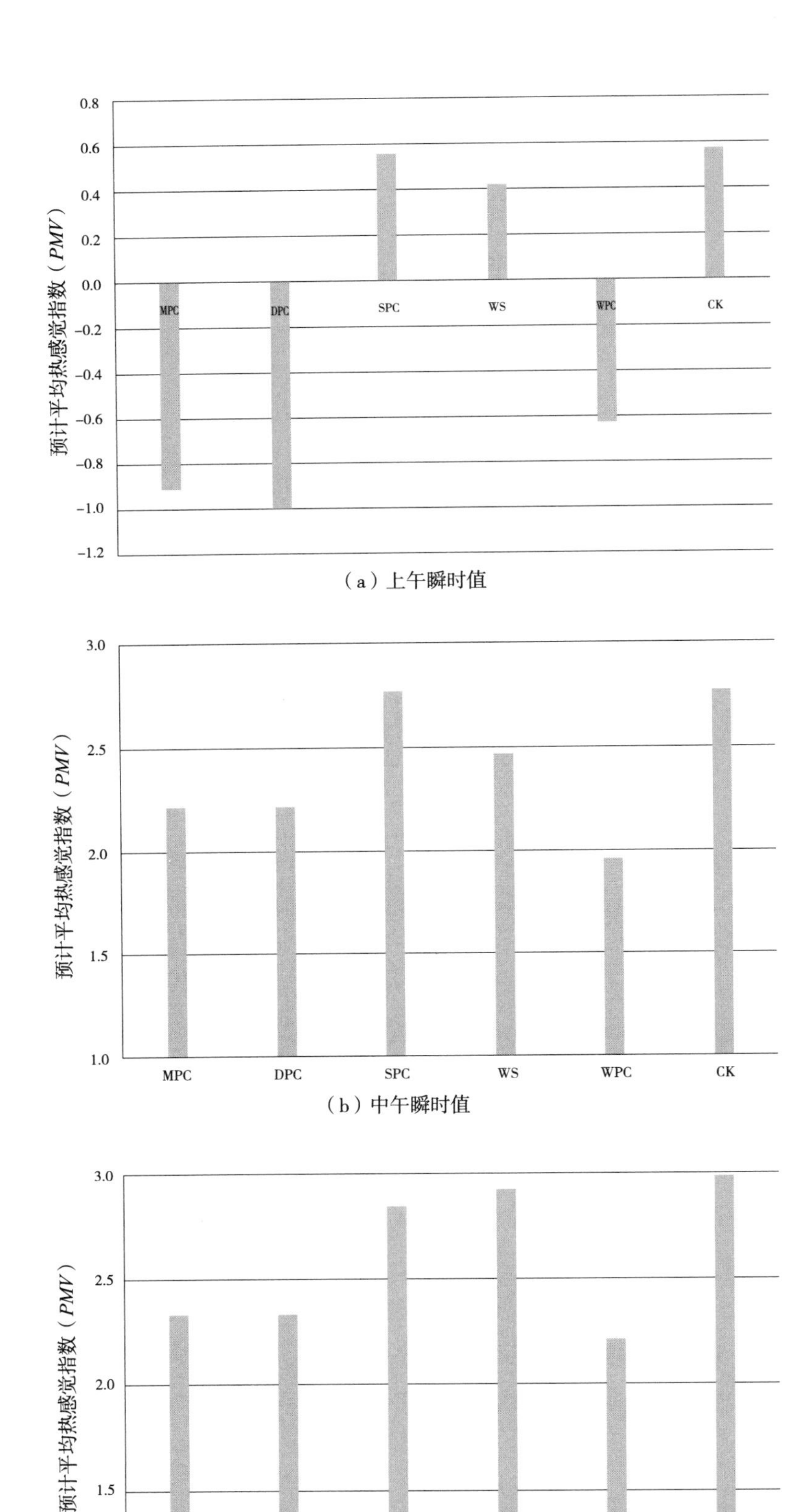

（a）上午瞬时值

（b）中午瞬时值

（c）下午瞬时值

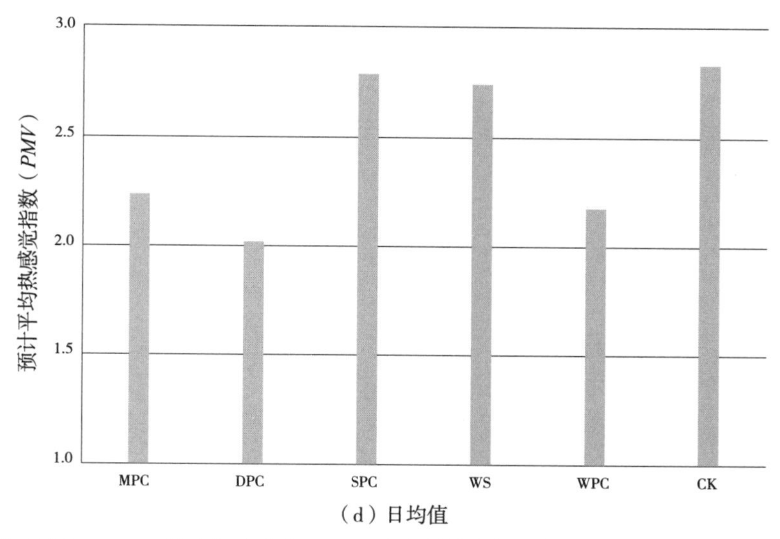

（d）日均值

WS—滨水广场；WPC—滨水植物群落；MPC—复层结构植物群落；DPC—双层结构植物群落；SPC—单层结构植物群落；CK—对照（铺装地）

图 7-4 公园绿地典型景观环境区域体感舒适度

7.2.4 公园绿地区域体感舒适度空间分异

表 7-3 所示内容为绿地实测样点调研及试验结果。空间差值子样点标准值由样点空气温湿度实测值、与实测样点距离以及叶面积指数和郁闭度共 4 组数值输入分析程序后计算得出，作为以下分析的基础数据，因涉及子样点数量约 200 个，限于篇幅不在此展示。

公园绿地样方植物信息及体感舒适度值　　表 7-3

样点	植物优势种	株高（m）	胸径（cm）	叶面积指数	郁闭度（%）	温度（℃）	空气相对湿度（%）	体感舒适度值
CK_1	—	—	—	—	—	33.2	75.5	69.2
CK_2	—	—	—	—	—	31.7	76.8	70.5
A	*Populus tomentosa*	9.2	17.9	18.6	43.2	17.5	60.9	87.3
B	—	—	—	—	11.7	29.5	75.6	72.5
C	*Salixmatsudana* cv. *pendula*	5.7	23.6	38.7	83.6	16.9	53.2	83.7
D	*Sabina chinensis* *Sophora japonica*	5.5/17.5	12.4/22.8	56.2	85.2	15.8	50.6	84.6

续表

样点	植物优势种	株高（m）	胸径（cm）	叶面积指数	郁闭度（%）	温度（℃）	空气相对湿度（%）	体感舒适度值
E	*Pinus tabulaeformis*	5.2	15.3	7.4	17.1	26.8	64.5	75.6
F	*Salix matsudana*	7.6	13.8	17.3	78.6	18.6	56.1	82.4
G	*Syringa oblata*	3.8	—	12.5	68.9	28.8	72.9	73.3
H	*Caryopteris × clandonensis* 'Worcester Gold'	0.4	—	9.5	8.3	27.9	73.2	74.1
I	*Euonymus japonicus*	0.8	—	4.7	10.3	28.9	73.6	73.2
J	*Pinus tabulaeformis*	6.3	20.1	16.1	55.6	22.8	68.1	78.7
K	*Prunus triloba*	3.7	—	7.1	21.9	25.3	69.7	76.5
L	草地	—	—	—	23.4	26.2	80.1	75.1
M	*Pinus tabulaeformis*	5.9	19.7	23.1	90.6	17.7	51.1	83.2
N	*Populus tomentosa*	7.4	18.9	13.7	65.3	20.3	56.8	81.1
O	*Sophora japonica*	6.7	16.4	14.3	45.3	25.5	76.9	75.9
P	*Ginkgo biloba*	8.1	21.5	21.2	33.2	27.4	79.9	74.1
Q	*Sophora japonica*	5.6	15.4	9.3	64.2	25.9	75.4	75.6

以奥运森林公园绿地实测样点及空间插值子样点的体感舒适度值进行 *Moran's I* 指数分析（z 检验，$P \leqslant 0.05$），以揭示绿地区域热舒适度的局部空间自相关性及空间分布的异质性（图 7–5）。Moran 散点图横坐标为绿地实测样点的体感舒适度标准化值，纵坐标是空间插值子样点的体感舒适度标准化均值。图中的 4 个象限表达特定区域与其周边区域存在的 4 种局域空间相关关系：第一象限为“高 – 高”，代表高观测值区域被同是高值的插值区域所包围的空间联系形式，显示实测样点与插值子样点体感舒适度空间相关性的正相关关系；第二象限为“低 – 高”，代表了低观测值区域被高值的插值区域所包围的空间联系形式，从而显示实测样点与插值子样点热舒适度空间相关性的负相关关系；第三象限为“低 – 低”，代表了低观测值区域被同是低值的插值区域所包围的空间联系形式，同样显示实测样点与插值子样点热舒适度空间相关性的正相关关系；第四象限为“高 – 低”，代表了高观测值区域被低值的插值区域所包围的空间联系形式，亦表现实测样点与插值子样点热舒适度空间相关性的负相关关系。

由 *Moran's I* 指数散点图可看出，城市公园绿地热舒适度值主要分布于第一象限和第三象限，而第二象限和第四象限则相对分布较少，这表明体感舒适度在绿地内的空间关联性在局地内表现显著（*Moran's I*=0.314）。同时因为绿地内存在各种具有显著异质性的空间类型，例如以落叶乔木为优势种的乔灌草、乔草型植物群落区域，以常绿针叶乔木为优势种的乔灌草、乔草型植物群落区域，故以体感舒适度为参数的空间异质性差异显著。该结果在 LISA 聚类图上显示，聚集类型为“高－高”的体感舒适度测点所在的绿地样点集中分布于原洼里公园绿地植被及其他原有树木保留区域，该区域均为群落郁闭度和叶面积指数较高的区域；聚集类型为“低－低”的绿地样点主要分布于奥运森林公园北园部分绿地，以及其他的郁闭度和叶面积指数较低的规格尚小、郁闭度较低的新植树木（圆柏、银杏等乔木）区域；聚集类型为“高－低”的绿地样点和 “低－高”的绿地样点因为相对较少，所以其反映的空间异质性信息有限。

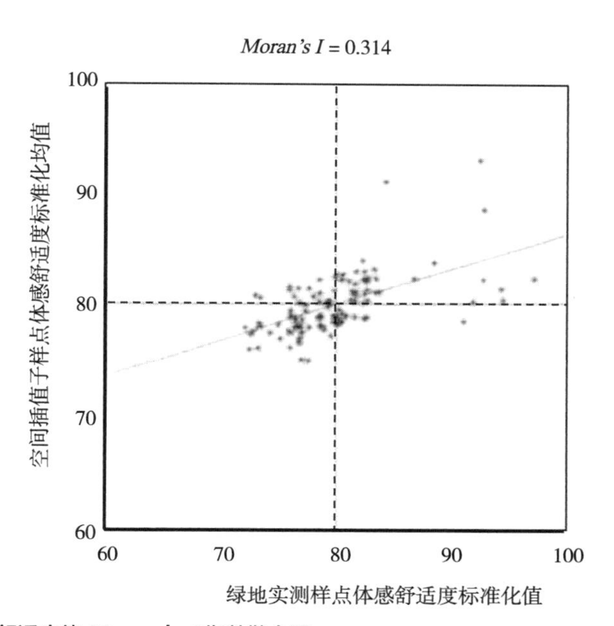

图 7-5 公园绿地体感舒适度值 *Moran's I* 指数散点图

注：图中作为参照系的 80 为空气温湿度基础均值的体感舒适度值

以城市公园绿地区域体感舒适度值绘制 LISA 聚类图（z 检验，$P \leqslant 0.05$）（图 7-6）。该图显示，体感舒适度值高与低的区域在绿地内呈现大分散、相对集中的分布特点。体感舒适度值较高的区域主要集中于郁闭度及叶面积指数较高的区域，而这一类区域主要分布于原有公园绿地植被保留区域。体感舒适度值较低的区域在奥运森林公园绿地内分布较广泛，原因可能是绿地建成时间不长（植物规格较小）加之部分广场、铺装场地及建筑的影响。

图 7-6 公园绿地体感舒适度值 LISA 聚类图

从植物量化信息与体感舒适度值的相关性分析结果来看（表 7-4），体感舒适度值与群落郁闭度和叶面积指数相关性均显著，其中群落郁闭度对于体感舒适度的影响更大。对于叶面积指数相近的以阔叶乔木和针叶乔木为优势种的植物群落样地，前者因为郁闭度较高导致样方内的太阳直接辐射强度低于后者而散射辐射强度高于后者，而辐射性质与体感舒适度也是紧密相关的，但量化的相关关系还需进一步研究。

公园绿地体感舒适度值与群落郁闭度、叶面积指数相关分析　　表 7-4

系数	体感舒适度与群落郁闭度	体感舒适度与群落叶面积指数
P	0.679**	0.641**

注：** 表示置信度为 0.01 时，相关性是显著的。*P* 值代表两个连续性变量之间的皮尔逊相关系数。

7.2.5 公园绿地区域 *PMV-PPD* 体感舒适度指标值拟合

图 7-7 为绿地典型景观类型 *PMV-PPD* 体感舒适度值拟合结果。该图的背景曲线为 *PMV-PPD* 数学函数关系（图 7-1）；图 7-7a 将典型景观类型体感舒适度均值及瞬时值拟合于 *PMV-PPD* 曲线；图 7-7b 将典型景观类型体感舒适度均值拟合于 *PMV-PPD* 曲线并作为该研究最终结果。体感舒适度值在拟合曲线上的分布和聚

集程度能够直观反映不同绿地典型景观类型区域体感舒适度的差异。图 7–7a 显示（图中 a 所示），以公园绿地群落结构为影响因素的典型样点瞬时体感舒适度值更加接近理想数据点（PMV=0, PPD=5%），其次为滨水植物群落区域。体感舒适度的上午瞬时值呈现“舒适”状态（$|PMV|<1$，$PPD<20\%$）。图 7–7a 中（图中 b 所示），绝大多数体感舒适度指标值位于曲线右上角（$PMV>2$，$PPD>80\%$），即“热感不舒适”，该聚集可能与试验时间选定在 8 月有关。图 7–7b 为试验时段体感舒适度指标值均值的拟合分布。该图显示，以公园绿地群落结构为影响因素的典型样点体感舒适度值更加接近理想值数据点（热感舒适），为乔灌型和乔草型植物群落结构区域（图 7–7b 中 A 所示）。对照样点（CK）及绝大多数典型景观类型区域的体感舒适度值位于曲线右上角（图 7–7b 中 B、C 所示），可以解读为体感偏热，不满意其环境体感舒适度（即“热感不舒适”），该结果可能与本试验在夏末秋初这一时间进行有关（即背景天气温度热感仍较强烈）。

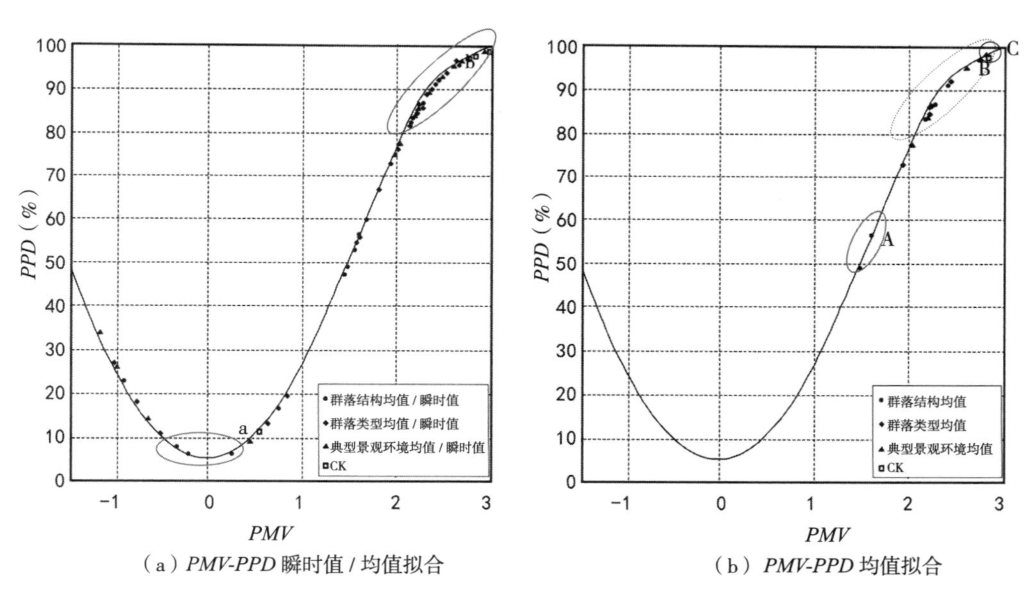

（a）PMV-PPD 瞬时值 / 均值拟合　（b）PMV-PPD 均值拟合

图 7–7 公园绿地典型景观类型 PMV–PPD 体感舒适度值拟合

7.3 结论与讨论

7.3.1 公园绿地植物群落结构与体感舒适度空间分异

根据已有研究，植物群落区域的三维绿量与空气温度、相对湿度及 *PMV* 指数之间具有一定相关关系。本研究中的乔灌草型复层结构植物群落相对其他植物群落结构类型具有较高的三维绿量，在城市环境中有利于降低热岛效应强度，但根据本书 7.2.1 节的分析结果，该植物群落区域环境的体感舒适度并不高，结果与他人研究并不完全一致。基于该结果，在风景园林规划设计实践中，城市环境中热岛效应强度较高地区可以采用乔灌草型复层结构植物群落形式，但若在其中或周边设计布局活动场地则要进控制上层乔木的冠层郁闭度和林间灌木的覆盖率，以增加该结构植物群落环境的通风透光性，充分发挥乔灌草型复层植物群落结构的优点。

部分乔灌型和乔草型双层结构植物群落区域较其他植物群落结构形式具有最高的体感舒适度，原因可能在于两方面：① 乔木冠层充当“缓冲带”的作用，能够拦截较高强度太阳直射光进入林内，同时对林内温度有一定控制作用；② 由于林木冠层叶片的蒸腾作用，林内空气相对湿度也能够控制在一定的范围内；③ 因为缺少林间植被层，林内及林下区域的空气水平及垂直流动也能对体感舒适度进行适当调控，但冠层郁闭度与体感舒适度之间的定量化关系仍需进一步深入研究。

7.3.2 公园绿地植物群落类型与体感舒适度空间分异

部分阔叶林型植物群落区域的体感舒适度高于其他类型植物群落，原因可能与落叶阔叶树较高的生化作用效率有关,但需进一步研究。北京位于两种植被类型——针阔叶混交型植物群落和阔叶林型植物群落的交错地带，而北京市区所在的平原区植被类型以阔叶林型植物群落为主，是为乡土植被类型。而在这一植被类型的树种构成中，杨、柳、榆、槐、椿、槭等乡土植物占据其中较大比重。由这一类植物组成的试验样点的体感舒适度水平值得关注。其中应引起关注的是位于奥运森林公园北园的 P 试验样点是由银杏和下层草本构成的乔草型双层结构植物群落，该样点的体感舒适度较差，这可能与银杏不属于北京地区乡土树种，其生长势有限，或不具备较大郁闭度和较高冠层有关（表 7–3）。

7.3.3 公园绿地典型景观环境与体感舒适度空间分异

绿地典型景观环境与体感舒适度的相关关系研究实际上是对 7.2.1 节和 7.2.2 节分析部分的多视角验证，得出了与本书 7.2.1 节部分研究相近的结果，即双层结构植物群落区域具有较高的体感舒适度。滨水植物群落区域的体感舒适度也较高，因为同时具备上层乔木遮荫及通风条件。在风景园林实践中，较大体量的面状水体一直是北京作为缺水的北方城市的 “稀缺景观资源” 。奥运森林公园绿地内的景观水体属于人造水体，只有在绿地面积足够大、投资足够充裕的情况下方具备营建条件。所以本研究得出的滨水植物群落区域具有较高的体感舒适度这一结论实际上对于实践应用的意义有限，其价值则在于通风条件有益于体感舒适度的改善，通风条件则源于“导风”甚至“造风”，但这一实践的相关科学依据仍有待于进一步研究。

结合本书 7.2.1 节、7.2.2 节和 7.2.3 节分析结果进行的 7.2.4 节部分数值拟合，双层结构植物群落，即乔灌型和乔草型植物群落以及阔叶林型植物群落区域的体感舒适度改善功能值得高度关注和进一步深入研究。

本书的研究已开展并持续 10 余年，随着奥运森林公园绿地植被的持续生长发育，单位绿地面积三维绿量将越来越大（直至趋于稳定数值），公园绿地植物群落对绿地及城市区域微环境的改善功能可能愈加显著，那么，这一改善作用（城市冷岛效应）的强度和范围是什么？前期研究所应用的实测手段仅能获取不连续的、点状区域的体感舒适度空间分异，如何获得连续数据曲面？解决这些科学问题，开展持续监测的同时利用遥感数据信息进行解译和反演可能是一个有效的手段。本研究结果试图服务于风景园林的“循证设计”过程，为具有高效微环境效应的功能型绿地规划设计提供基础数据以及科学依据。

7.3.4 公园绿地区域体感舒适度空间分异

已有研究认为，城市绿地植物个体及群体的降温增湿功能是一种“生态效益场”，因而具有一定的“场强度”和“场范围”。试验绿地体感舒适度分布及空间关联性具有较显著的空间格局特征，可能与植物群落降温增湿功能的“场范围”相关，也可能是因为这种关联性受到量化的植物特征指数（例如绿量）决定的“场强度”的影响，本研究结果从不同角度验证了前人的研究结论。

量化的植物特征指数与绿地区域热舒适度的显著相关性表明，与植物（尤其是群落优势种的乔木）个体相关的种类、胸径和高度（乔木的单体绿量）及群落相关的叶面积指数、郁闭度（群落的总体绿量）是影响其热环境改善功能的决定性条件。

在夏季高温季节，较高的热环境舒适度不仅为人们提供了较好的户外游憩空间，提升了人居环境质量，还可以在一定程度上减少室内空调的能量消耗，并有助于节能减排。建议公园管理部门在绿地热舒适度及其他微环境参数（如空气负离子）空间格局研究成果的基础上，综合运用规划和建设手段加强对绿地内高质量微环境区域的调控，尤其是加强高舒适度区域向现有的几个分布中心集聚，并使其在奥运森林公园全园内均衡布置，在各方向均具有较高的游人可达性，有助于游人在公园绿地内均匀分布；再者就是将高体感舒适度区域的空间分布与构成绿地游憩系统的广场、园路相结合，调整和优化其空间构成，充分提高城市绿地的综合利用效益。

7.4 本章小结

植物是城市绿地降低热岛效应、强度和改善城市环境质量及提升微环境舒适度的基本功能单位，而体感舒适度是微环境舒适度的重要参数之一。

本章研究内容之一是，基于空间自相关（Moran 指数）和 LISA 聚类等分析方法，关注城市公园绿地区域的体感舒适度水平空间分异。结果表明：体感舒适度的空间关联性在局地内表现显著，但在受到多因素影响的整个绿地内不显著；体感舒适度标准值与群落郁闭度和叶面积指数均呈现正相关关系。

本章研究内容之二是，基于多年动态持续测定并选取典型年度数据，尝试使用兼顾主客观因素的 *PMV–PPD* 体感舒适度指标模型方法，分析和阐释奥运森林公园绿地区域体感舒适度的空间分异特征。结果表明，公园绿地不同群落结构区域的体感舒适度水平：乔灌型植物群落、乔草型植物群落＞地被 / 草坪型植物群落＞灌草型植物群落＞乔灌草型植物群落；不同群落类型区域的体感舒适度水平：阔叶林型植物群落＞针叶林型植物群落 / 针阔叶混交型植物群落 / 地被 / 草坪型植物群落＞灌木型植物群落；不同典型景观环境中：双层结构植物群落＞复层结构植物群落 / 滨水植物群落＞单层结构植物群落、滨水广场。使用 *PMV–PPD* 体感舒适度指标模型进行的数学拟合进一步验证了上述结果。

第8章

北京奥林匹克森林公园绿地设计和管理改进建议

L
Q
J
I
E
D
C
N
B
A
G
F

奥运森林公园的规划和设计工作已然结束，提出改进建议似乎没有意义，但我们认为，奥运森林公园的规划设计虽然已经结束，但北京市范围和全国其他城市的大规模城市绿地的规划设计以及建设还在继续，希望针对奥运森林公园规划设计阶段提出的意见能够服务于今后的城市绿地规划设计。如今，奥运森林公园的高效运营管理是城市管理者面对的一个重要课题。因为奥运森林公园绿地具有地理位置、面积、功能定位等方面的特殊性，所以，高效、有效和富于成效的经营管理是非常重要的。

本研究针对奥运森林公园的生态效益因子进行了 10 余年的实测，现仅基于生态效益因子的研究和评价角度对奥运森林公园建设前期的规划设计方案和后期整个园区的经营管理提出修改意见和改进的建议。

8.1 公园绿地规划设计方案

8.1.1 公园绿地山水格局和竖向规划

根据相关研究，北京城区范围全年盛行风向以东北风为主，西南风次之，其他风向出现的概率较小，而且风向随季节变化比较明显。其中，植物生长季（夏季）以西南偏南风为主，而非植物生长季节的冬季以东北偏北风为主。如今奥运森林公园主山朝向东南，而主要水面均分布于主山的东南区域，这样的山水格局实际上不利于公园植被实现碳吸收和改善城市空气条件。而若主山朝向西南、主水面位于山体西南，则公园植被可以直接接受来自城区的空气而直接服务于改善京北住宅区的空气质量（空气氧气含量和含水量），如媒体村区域和北苑地区。从这一考虑因素出发，我们认为南园应该以植被种植区域为主，尽可能减少道路及附属设施占地，而北园考虑规划建筑等功能和附属设施。

基于以上原因，认为奥运森林公园应该规划南低北高的总体竖向格局，而不是现在的南高北低。若是这样，从城区区域和北五环路吹来的含有大量二氧化碳和污染气体的空气能够在逐步抬升过程中最大限度地得以净化。现在的情况是，从城区区域而来的空气在南园就被抬升了近 50m，而北五环路本身构成的污染气体源扩散效率因为公园南侧山体的阻挡而可能大大降低。实测数据也证明了这一点，在植物生长季节，主山顶部样点（E 点）和位于北五环边生态廊道区域的样点（J 点）的二氧化碳浓度要较周边样点稍高。

8.1.2 公园绿地植物景观规划

上一节内容提到，奥运森林公园南园区域应该以植物种植区域为主。而植物种植建议以群落或组团方式的种植设计为主，群落进深宜控制在 30~40 m，同时在群落边缘设计园路等游憩设施，这样群落的生态效益才能够得以充分利用。因为我们在空气负离子浓度测定中发现，组团式植物群落边缘 2~3 m 的范围内，其空气负离子浓度要高于群落内部或外部 20%~30%。与此同时，在植物群落周边，较低二氧化碳浓度区域仅位于群落周边数米的范围，在群落内部，可能是空气流通和扩散速度受到限制等原因，二氧化碳浓度偏高。

针对园林植物群落规划设计，我们认为，在北京地区适当郁闭度的乔草结构和层次比较清晰的水平镶嵌的乔灌草结构是比较好的群落结构。而较早前行业内所提倡的高郁闭度、垂直层次的乔灌草结构区域由于空气微生物（尤其是真菌）浓度偏高，可能并不利于人体健康。

8.2 公园绿地建设及后期养护管理

8.2.1 公园绿地植物景观建设

奥运森林公园主山区域的覆土主要是挖湖产生的土方，或是黏土，或是沙石土，将这两种土壤作为种植基土难免会产生通透性不好或保水功能不强的特点。调研发现，基土上层 50~60 cm 的种植土的土质在主山周围等多数区域过于黏重，局部地区已经出现土壤板结等现象，影响到了某些乔灌木种类和地被植物的生长。

园林植物应用方面，为保证快速形成植物景观效果，奥运森林公园采用了较大规格的苗木，而且大部分已经在奥运森林公园区域假植 3 年以上，这确实对于植物景观营建具有积极意义。但在调研中我们也发现，在奥运森林公园北园的局部区域种植了较多数量的已经处于老龄的树木，其生长势较差且不利于实现绿化、美化和发挥生态效益的目的。

为满足“森林公园”这一定位，实现塑造自然气息和郊野景观的目标，奥运森林公园内多数区域人工种植了大量的乡土地被植物，如白三叶（*Trifolium repens*）、蒲公英（*Taraxacum mongolicum*）、二月兰（*Orychophragmus violaceus*）和狗尾草（*Setaria viridis*）等，但若其种植面积过大或疏于管理则可能造成视觉上较“荒凉”的感觉而影响景观效果。

8.2.2 公园绿地植物景观养护

服务于生态效益的植被养护管理应该以各个生态因子的特点区分对待。要提高植被的固碳释氧效率，提高其生长势是必要环节，而植被生长势的关键影响因素无非是水土条件，奥运森林公园内局部区域土壤条件不好限制了植被的正常生长，所以在后期养护管理中应该考虑实施局部换土或施农家肥（主要是昂山周边）、增强土壤通透性等措施。

目前，奥运森林公园内有较多过密的纯林区域（银杏、毛白杨、国槐等），随着植被的生长，植物及群落自我更新的过程不利于生态效益的发挥，故必须早期确定改造方案。密度过大的纯林区域可以考虑进行疏伐，为植物本身扩大生长空间，同时也为群落内其他植物创造生存空间。总之，纯林区域的改造方向应是组团式植物群落，以最大限度服务于景观和生态效益。

另外，奥运森林公园内现有较多垂直层次上的乔灌草复层结构植物群落，从空气微生物水平的角度上来讲其并不适于人体健康，可以根据群落区域的具体特点将其向水平结构的镶嵌式乔灌草植物群落方向改造，增加植物群落的通风性和透光性，从而实现其生态效益。

第9章 结束语

截至2023年，奥运森林公园已建成开放10余年，期间研究团队一直持续动态监测奥运森林公园绿地的微环境效应。在此期间，我们注意到，除误差因素以外，几乎每一年的生态因子数据体现出的特征规律都有少许变化。造成这种现象的原因是公园绿地的多数植被尚处于旺盛生长期，其生长的动态变化无疑会造成其生态效益的变化，而研究这种变化，多年数据的积累是非常必要的。因为只有基于多年的测定，才能准确描述生态效益的动态变化趋势，也只有基于此，才能形成更加科学的结论与建议，所以该研究将一直持续下去。

试验中，公园绿地样点位置和采样时间的时空代表性问题一直受到较多关注。我们每个季节选定2~3天进行生态因子数据测定，虽然我们已经尽可能避免诸如天气因素的影响，但仍不可避免地存在试验误差。样点在园区内均匀分布，试验进行中我们又对样点位置进行了微调，使其更能够代表群落和结构的典型性，但因为空间尺度的问题，典型样方区域之间数据的相互影响是难以避免的。要避免这种误差的产生，只有把样本数量扩大或者用其他方式校正数据，但是自从试验前期一直到现在，试验条件没有得到根本的改善，研究的深入开展有待于进一步改进试验条件。

通过对奥运森林公园绿地微环境因子的系统性研究，基本上厘清了诸如空气负离子等微环境效应因子的时间、空间分异特征及其与公园绿地植物群落类型、群落结构的相关关系。经过十余年的积累，目前的研究成果能够在一定层面上为城市绿地规划设计中园林植物的选择以及群落模式的构建提供科学依据，如绿地中服务于空气负离子产生的植物群落尺度、结构和类型，以及群落周边的空气负离子空间梯度变化规律。但成果的局限在于，没有基于园林植物群落和个体的尺度上量化研究生态效益因子的变化机理及其影响因素，所以仍然需要较深入的试验以获取定量化的研究成果，如试验发现了具有高效固碳释氧功能的植物群落结构和类型，却未能量化估算奥运森林公园内某一树种一年内的固碳释氧总量及奥运森林公园内所有植被的年固碳总量。另外，由于研究者本人专业水平所限，可能对目前已获得数据的分析深度和广度不够，致使研究成果存在局限，如针对于公园区域的空气微生物只能鉴定出真菌和细菌的区别，却不能鉴定出具体的种类和它们对人体的作用。

园林生态的研究成果无疑是服务于园林植物景观规划设计和城市绿地的规划设计。目前奥运森林公园生态效益研究成果除对建设之初的生态设计理念进行进一步验证外，也可以应用于城市绿地的植物景观规划设计和一些游憩场地和园林设施的规划。但研究的局限造成这些成果适用在有限的范围内，真正的园林植物群落模式设计需要的是量化的研究成果，例如什么样的植物群落模式可以在固碳释氧方面发挥多大的贡献，能够产生多少浓度的空气负离子，以及可以将空气微生物控制在什么样的水平以下。目前，要达到这样的应用目的，仍有待于试验的深入开展。

参考文献

[1] 安倍 . 关于空气离子测定 [J]. 空气清净，1980，7（6）:243–248.

[2] 柏智勇，吴楚材 . 空气负离子与植物精气相互作用的初步研究 [J]. 中国城市林业，2008，6（1）:56–58.

[3] 陈斌，徐尚昭，杨顶田，等 . 武汉市主城区公园景观的热环境效应 [J]. 遥感信息，2021，36（3）:58–66.

[4] 陈小平，汪小爽，周志翔 . 道路绿化隔离带消减颗粒物效应及配置参数研究 [J]. 中国园林，2019，35（8）:110–114 .

[5] 陈强，程倩豪，陈云浩，等 . 城市天空可视因子对地表热环境的影响分析 [J]. 测绘科学，2021，46（8）:148–155.

[6] 陈睿智 . 城市公园景观要素的微气候相关性分析 [J]. 风景园林，2020，27（7）:94–99.

[7] 陈宇，宋双双，侯雅楠 . 南京市夏季垂直绿化对人体体感舒适度的影响探究 [J]. 中国园林，2020，36（9）:64–69.

[8] 戴菲，陈明，王敏，等 . 城市街区形态对 PM_{10}、$PM_{2.5}$ 的影响研究——以武汉为例 [J]. 中国园林，2020，36（3）:109–114.

[9] 方治国，欧阳志云，胡利锋，等 . 城市生态系统空气微生物群落研究进展 [J]. 生态学报，2004，24（2）:315–322.

[10] 方治国，欧阳志云，胡利锋，等 . 北京市夏季空气微生物群落结构和生态分布 [J]. 生态学报，2005，25（1）: 83–88.

[11] 方治国，欧阳志云，胡利锋，等 . 北京市夏季空气微生物粒度分布特征 [J]. 环境科学，2004，25（6）:2–5.

[12] 方家，刘颂，王德，等 . 基于手机信令数据的上海城市公园供需服务分析 [J]. 风景园林，2017，24（11）:35–40.

[13] 冯凝，唐梦雪，李孟林，等 . 深圳市城区 VOCs 对 $PM_{2.5}$ 和 O_3 耦合生成影响研究 [J]. 中国环境科学，2021，41（1）:11–17.

[14] 符立伟，郭秀锐 . 国内空气污染暴露水平评价方法研究进展 [J]. 环境科学与技术，2015，38（12Q）:226–230.

[15] 付尧 . 城市热环境与体感舒适度的时空演变特征及其调节机制研究 [D]. 长春：中国科学院大学（中国科学院东北地理与农业生态研究所），2020.

[16] 国家环境保护总局 . 室内环境空气质量监测技术规范 :HJ/T 167—2004[S]. 北京：中国环境科学出版社，2005.

[17] 高尚，沙晋明，帅晨 . 厦门市地表温度与植被覆盖关系定量研究 [J]. 福建师范大学学报（自然科学版），2019，35（2）:14–21.

[18] 耿红凯，卫笑，张明娟，等.基于 Envi-met 植被与建筑对微气候影响的研究——以南京农业大学为例 [J]. 北京林业大学学报，2020，42（12）:115-124.

[19] 韩静波，张智，张维康 . 沈阳东陵公园不同功能分区空气颗粒物与负离子变化 [J]. 生态学杂志，2020，39（9）:3099-3107.

[20] 贾丽，巨天珍，石垚，等 . 校园大气微生物的时空分布及与人群活动关系的研究 [J]. 安全与环境工程，2006，13（2）: 34-41.

[21] 姜金融，薛林贵，尚海，等 . 兰州市空气微生物群落的碳代谢特征及功能多样性研究 [J]. 微生物学杂志，2017，37（6）:81-86.

[22] 孔德龙，狄育慧，陈希，等 . 西安市某高校春夏季空气颗粒物与微生物污染特性分析 [J]. 西安工程大学学报，2018，32（2）:186-190.

[23] 李爱博，赵雄伟，李春友 . 基于控制试验的植株数量及空气温湿度与负离子的关系 [J]. 应用生态学报，2020，30（7）:2211-2217.

[24] 李红，彭良，毕方，等 . 我国 $PM_{2.5}$ 与臭氧污染协同控制策略研究 [J]. 环境科学研究，2019，32（10）:1763-1778.

[25] 李少宁，李媛，鲁绍伟，等 . 北京西山国家森林公园中空气负离子浓度与气象因子的相关性研究 [J]. 生态环境学报，2021，30（3）: 541-547.

[26] 刘海猛，方创琳，黄解军，等 . 京津冀城市群大气污染的时空特征与影响因素解析 [J]. 地理学报，2018，73（1）:177-191.

[27] 刘超，金梦怡，朱星航，等 . 多尺度时空 $PM_{2.5}$ 分布特征、影响要素、方法演进的综述及城市规划展望 [J]. 西部人居环境学刊，2021，36（4）: 9-18.

[28] 刘双芳，张维康，韩静波，等 . 不同植被结构对空气质量的调控功能 [J]. 生态环境学报，2020，29（8）:1602-1609.

[29] 卢振礼，杨成芳，崔广署，等 . 雷雨天气对负氧离子浓度的影响 [J]. 气象科技，2021，49（2）:284-290.

[30] 马静，柴彦威，符婷婷 . 居民时空行为与环境污染暴露对健康影响的研究进展 [J]. 地理科学进展，2017，36（10）: 1260-1269.

[31] 欧阳友生，陈仪本，谢小保，等 . 广州城区主要交通枢纽空气微生物浓度的测定 [J]. 中国卫生检疫杂志，2003，13（6）: 692-693.

[32] 潘剑彬，董丽，乔磊，等 . 北京奥林匹克森林公园空气菌类浓度特征研究 [J]. 中国园林，2010，26（180）:7-11.

[33] 潘剑彬，董丽 . 城市绿地空气负离子评价方法以北京奥林匹克森林公园为例 [J]. 生态学杂志，

2010，29（9）：1881-1886.

[34] 潘剑彬，董丽，廖圣晓，等．北京奥林匹克森林公园二氧化碳浓度特征研究 [J]. 北京林业大学学报，2011，33（1）：31-36.

[35] 潘剑彬，董丽，廖圣晓，等．北京奥林匹克森林公园空气负离子浓度及其影响因素研究 [J]. 北京林业大学学报， 2011，33（2）：61-66.

[36] 潘剑彬，董丽，廖圣晓，等．北京奥林匹克森林公园空气负离子浓度及其影响因素 [J]. 北京林业大学学报，2011，33（2）：61-66.

[37] 潘剑彬，董丽，晏海．北京奥林匹克森林公园绿地二氧化碳浓度季节和年度变化特征 [J]. 东北林业大学学报， 2012，40（7）:76-81.

[38] 潘剑彬，董丽，晏海．北京奥林匹克森林公园绿地空气负离子浓度季节和年度变化特征 [J]. 东北林业大学学报， 2012，40（9）:44-50.

[39] 潘剑彬，李树华．北京城市公园绿地负氧离子效益空间格局特征研究 [J]. 中国园林， 2015，31（6）:100-104.

[40] 潘剑彬， 李树华．北京城市公园绿地热舒适度空间格局特征研究 [J]. 中国园林，2015，31（10）:91-95.

[41] 潘剑彬，朱丹莉，李树华，等．城市绿地植物群落与空气菌类粒度空间分异特征相关性研究——以北京奥林匹克森林公园为例 [J]. 中国园林， 2022，38（5）:45-49.

[42] 潘剑彬，李佳妮，李树华，等．城市绿地植物群落与空气负离子空间分异特征相关关系研究——以北京奥林匹克森林公园为例 [J]. 中国园林， 2022，38（6）:57-62.

[43] 潘剑彬，程美景，朱丹莉，等．城市公园绿地区域 $PM_{2.5}$-O_3 复合污染空间分异特征研究——以北京奥林匹克森林公园为例 [J]. 中国园林，2023，39（2）:103-107.

[44] 齐冰，牛彧文，杜荣光，等．杭州市近地面大气臭氧浓度变化特征分析 [J]. 中国环境科学，2017，37（2）:443-451.

[45] 秦诗文，杨俊宴，冯雅茹，等．基于多源数据的城市公园时空活力与影响因素测度——以南京为例 [J]. 中国园林，2021，37（1）:68-73 .

[46] 任启文，王成，杨颖，等．城市绿地空气微生物浓度研究——以北京元大都公园为例 [J]. 干旱区资源与环境，2007，21（4）: 80-83.

[47] 邵海荣，贺庆棠，阎海平，等．北京地区空气负离子浓度时空变化特征的研究 [J]. 北京林业大学学报，2005，27（3）: 35-39.

[48] 中华人民共和国生态环境部．关于发布《环境空气质量标准》（GB 3095—2012）修改单的公告 [EB/OL].（2018-08-13）[2023-12-15]. http://www.mee.gov.cn/gkml/sthjbgw/sthjbgg/201808/

t20180815_451398.htm.

[49] 施光耀，周宇，桑玉强，等 . 基于随机森林方法分析环境因子对空气负离子的影响 [J]. 中国农业气象，2021，42（5）:390-401.

[50] 石蕾洁，赵牡丹 . 城市公园夏季冷岛效应及其影响因素研究——以西安市中心城区为例 [J]. 干旱区资源与环境，2021，34（5）:154-161.

[51] 史宜，杨俊宴 . 基于手机信令数据的城市人群时空行为密度算法研究 [J]. 中国园林，2019，35（5）:102-106 .

[52] 孙帆，钱华，叶瑾，等 . 南京市校园室内空气微生物特征 [J]. 中国环境科学，2019，39（12）:4982-4988.

[53] 孙文，韩玉洁，殷杉，等 . 城市公园不同植物群落内空气负离子变异格局及影响因素 [J]. 华东师范大学学报（自然科学版），2021（2）:151-159.

[54] 谭娟，沈新勇，李清泉 . 海洋碳循环与全球气候变化相互反馈的研究进展 [J]. 气象研究与应用，2009，30（1）: 33-36.

[55] 王长科，王跃思，刘广仁 . 北京城市大气二氧化碳浓度变化特征及影响因素 [J]. 环境科学，2003，24（4）:13-17.

[56] 王德，钟炜菁，谢栋灿，等 . 手机信令数据在城市建成环境评价中的应用——以上海市宝山区为例 [J]. 城市规划学刊，2017，225（5）:82-90.

[57] 王修信，朱启疆，陈声海，等 . 城市公园绿地水、热与二氧化碳通量观测与分析 [J]. 生态学报，2007，27（8）:3232-3239.

[58] 王佳楠，崔硕，郑力燕，等 . 校园空气微生物时空分布特征及与人群活动的关系 [J]. 试验室科学，2014，17（5）:31-33.

[59] 王琨，薛思寒 . 城市住区建筑、绿化布局与夏季体感舒适度相关性测析——以寒冷地区郑州市为例 [J]. 建筑科学，2021，37（4）:53-60.

[60] 吴际友，程政红，龙应忠 . 园林树种林分中空气负离子水平的变化 [J]. 南京林业大学学报（自然科学版），2003，27（4）:78-80.

[61] 吴家兵，关德新，张弥，等 . 长白山阔叶红松林碳收支特征 [J]. 北京林业大学学报，2007，29（1）:1-6.

[62] 吴健，杨子涵，胡蕾 . 城市生态空间 $PM_{2.5}$ 消减效益研究——以北京市为例 [J]. 中国环境科学，2021，41（10）:4916-4925.

[63] 吴倩兰，雷景铮，王利军 . 大学校园室内环境 $PM_{2.5}$ 中 PAEs 污染特征及暴露风险 [J]. 环境科学研究，2021，34（10）: 2525-2535.

[64] 肖致美，徐虹，高璟贇，等 . 天津市 $PM_{2.5}$-O_3 复合污染特征及来源分析 [J]. 环境科学，2022，43（3）:1140-1150.

[65] 谢元博，陈娟，李巍．雾霾重污染期间北京居民对高浓度 $PM_{2.5}$ 持续暴露的健康风险及其损害价值评估 [J]. 环境科学，2014，35（1）:1–8.

[66] 谢军飞，丛日晨，王月容，等．北京通州地表温度的时空分布特征与绿化作用 [J]. 中国园林，2021，37（4）:41–45.

[67] 熊鹰，章芳．基于多源数据的长沙市人居热环境效应及其影响因素分析 [J]. 地理学报，2020，75（11）: 2443–2458.

[68] 闫珊珊，洪波．公园绿地不同景观空间 $PM_{2.5}$ 分布特征及其影响因素研究 [J]. 风景园林，2019，26（7）:101–106.

[69] 尹起范，盛振环，魏科霞，等．淮安市大气二氧化碳浓度变化规律及影响因素的探索 [J]. 环境科学与技术，2009，32（4）:54–57.

[70] 于丹，蔡志斌，王丽娜，等．北京地区冬季高校宿舍空气微生物浓度和粒径分布特征 [J]. 建筑科学，2020，36（2）:56–61.

[71] 余娟，高占冬，王德远，等．天缘洞空气负离子时空分布特征及影响因素分析 [J]. 环境化学，2021，40（4）:1078–1087.

[72] 詹慧娟，解潍嘉，孙浩，等．应用 ENVI–met 模型模拟三维植被场景温度分布 [J]. 中国园林，2014，36（4）:64–74.

[73] 张凯，孟凡，李新宇，等．园林植被对交通排放 $PM_{2.5}$ 浓度影响研究 [J]. 生态环境学报，2017，26（6）:1009–1016.

[74] 张芯蕊，聂庆娟，刘江秀．基于 ENVI–met 的城市公园绿地热体感舒适度改善策略研究 [J]. 生态科学，2021，40（3）:144–155.

[75] 张耘，于强，李梦莹，等．基于 EnKF–3DVar 模型的海淀区地表温度模拟 [J]. 农业机械学报，2017，48（9）:166–172.

[76] 赵安周，相恺政，刘宪锋，等.2000—2018 年京津冀城市群 $PM_{2.5}$ 时空演变及其与城市扩张的关联 [J]. 环境科学，2022，43（5）:2274–2283.

[77] 赵宏宇，毛博．基于改善通风和热体感舒适度的长春市风环境多尺度优化 [J]. 西部人居环境学刊，2020，35（2）:24–32.

[78] Bovallius A， Bucht B， Roffey R. Three–year Investigation of the Natural Airborne Bacterial Flora at Four Localities in Sweden [J].（*Applied and Environmental Microbiology*）， 1978，35（5）: 847–852.

[79] Chen M， Dai F， Yang B， et al. Effects of Urban Green Space Morphological Pattern on Variation of $PM_{2.5}$ Concentration in the Neighborhoods of Five Chinese Megacities [J]. *Building and*

Environment, 2019, 158:1-15.

[80] Douglas A N J, Irga P J, Torpy F R. Determining Broad Scale Associations between Air Pollutants and Urban Forestry: A novel Multifaceted Methodological Approach [J]. *Environ. Pollut.*, 2019, 247:474-481.

[81] Elberling B. Seasonal Trends of Soil CO_2 Dynamics in a Soil Subject to Freezing[J]. *J. Hydtol*, 2023, 276:159-175.

[82] Fishman J, Grutzen P J. The Origin of Ozone in Troposphere[J].*Nature*, 1978, 274:855-858.

[83] 中华人民共和国国家质量监督检验检疫总局，中国国家标准化管理委员会 . 热环境的人类工效学 通过计算 PMV 和 PPD 指数与局部热舒适准则对热舒适进行分析测定与解释 :GB/T 18049—2017[S].2017.

[84] Grace J, Malhi Y, Lloyd J, et al. The use of eddy covariance to infer the net carbon dioxide uptakeof a Brazilian rain forest[J]. *Global Change Biol.*, 1996, 2 (3) :209-217.

[85] Köhler M, Schmidt M, Grimme F W, et al. Green Roofs in Temperate Climates and in the Hot-humid Tropics - Far beyond the Aesthetics[J]. *Environmental Management and Health*, 2002, 13 (4) : 382-391.

[86] Kristen L K, Sarah J, Iyad K, et al. Differences in Magnitude and Spatial Distribution of Urban Forest Pollution Deposition Rates, Air Pollution Emissions, and Ambient Neighborhood Air Quality in New York City[J].*Landscape and Urban Planning*, 2014, 128:14-22.

[87] Kousa A, Kukkonen J, Karppinen A, et al. A Modelfor Evaluating the Population Exposure to Ambient Airpollution in an Urban Area[J]. *Atmospheric Environment*, 2002, 36 (13) : 2109 - 2119.

[88] Lacey J, Dutkiewicz J. Bioaerosols and Occupational Lung Disease[J]. *Journal of Aerosol Science*, 1994, 25 (8) : 1371-1404.

[89] Lai J , Zhan W, Quan J, et al.Reconciling Debates on the Controls on Surface Urban Heat Island Intensity: Effects of Scale and Sampling[J].*Geophysical Research Letters*, 2021, 48 (19) :e2021GL094485.

[90] Li C S, Kuo Y M. Characteristics of Airborne Micro-fungi in Subtropical Homes[J]. *The Society of Total Environment*, 1994, 155 (3) : 267-271.

[91] Li D W, Kendrick B. Functional Relationships between Airborne Fungal spores and Environmental Factor in Kitchener-Waterloo, Ontario, as Detected by Canonical Correspondence Analysis[J]. *Grana* , 1994, 33: 166-176.

[92] Zhang L , Xu H Y, Pan J B. Investigating the Relationship between Landscape Design Types and

Human Thermal Comfort: Case Study of Beijing Olympic Forest Park[J]. *Sustainability*, 2023, 15（4）:2969.

[93] Paranunzio R, Dwyer E, Fitton J M, et al .Assessing Current and Future Heat Risk in Dublin City, Ireland[J].*Urban Climate*, 2021, 40:100983.

[94] Rocco L. Mancinelli, Wells A. Shulls. Airborne Bacteria in an Urban Environment[J]. *Applied and Environmental Micro-biology*, 1978, 35（6）: 1095-1101.

[95] Singh V K, Mughal M O, Martilli A, et al.Numerical Analysis of the Impact of Anthropogenic Emissions on the Urban Environment of Singapore[J].*Science of The Total Environment*, 2022, 806:150534.

[96] Wang J, Li S H. Changes in Negative Air Ions Concentration under Different Light Intensities and Development of a Model to Relate Light Intensity to Directional Change[J].*Journal of Environmental Management*, 2009, 90（8）, 2746-2754.

[97] Wright J, Greene V, Paulus H. Viable Microorganisms in an Urban Atmosphere[J]. *Journal of Air Pollution Control Associate*, 1969, 19（5）:337-339.

后　记

本著作选题是我自 2006 年至 2011 年硕博连读期间（北京林业大学）至博士后研究阶段（2011 年至 2013 年，清华大学建筑学院）及工作期间（2013 年至今，北京建筑大学建筑与城市规划学院）一直延续的研究内容，目前已达 16 年。本书之成，实非个人之功！感谢培养我的母校北京林业大学以及我的授业恩师董丽教授、李树华教授（清华大学建筑学院），以及在成果形成、凝练过程中给予我指导的苏雪痕先生（北京林业大学园林学院）、杨锐教授（清华大学建筑学院）、刘海龙副教授（清华大学建筑学院）、李延明研究员（北京市园林科学研究所）、潘会堂教授（北京林业大学园林学院）。有了各位恩师的悉心点拨与教诲，使我对研究的目的意义、逻辑框架以及主体内容了然于胸。实际上，本书的完成，是一个不断试验、不断思考求教以及不断探讨锤炼的过程，虽然撰写与出版已隔数年，但仍感慨于当初的艰辛与困苦，但终究苦尽甘来。谨此以拙劣之作，乞教于学界的师长与朋友。

本书的成果完成、写作，亦离不开师长、同门、朋友和家人的帮助与支持，以及数年来我本人所指导的研究生的辛勤工作。感谢北京林业大学 2004 级研究生李春娇；2005 级研究生刘曦、崔静、张凡、郝培尧；2006 级研究生胡淼淼、黄笛、马越、夏冰、张玉环、刘燕燕；2007 级研究生黄璐、沈鹏、冯冰、冯玉兰；2008 级研究生晏海、乔磊、廖圣晓、兰丽婷、李冲、周丽、雷维群等人；北京建筑大学 2016 级研究生孙梦；2017 级研究生王若晨；2018 级研究生贾欣雨、赵博石；2019 级研究生朱丹莉、王娜、程美景、张诗凝；2020 级研究生许诺、蓝婧雯、王娴、王亚杰、陈姝羽、王芮；2021 级研究生黄田田、史川等，在调研及实验过程中付出的艰辛和努力。书中的每一组数据，每一个字眼，无不凝结着大家的汗水与辛劳。

潘剑彬

二〇二三年十一月 于北京